漫话草原上的酒

田宏利／编著

内蒙古人民出版社

图书在版编目(CIP)数据

漫话草原上的酒/田宏利编著. -呼和浩特:内蒙古人民出版社,2018.1(2020.6 重印)
(草原民俗风情漫话)
ISBN 978-7-204-15222-3

Ⅰ.①漫… Ⅱ.①田… Ⅲ.①蒙古族-酒文化-中国 Ⅳ.①TS971.22

中国版本图书馆 CIP 数据核字(2018)第 004863 号

漫话草原上的酒

编　　著	田宏利
责任编辑	王　静
责任校对	李向东
责任印制	王丽燕
出版发行	内蒙古人民出版社
地　　址	呼和浩特市新城区中山东路 8 号波士名人国际 B 座 5 楼
网　　址	http://www.impph.cn
印　　刷	内蒙古恩科赛美好印刷有限公司
开　　本	880mm×1092mm　1/24
印　　张	8.5
字　　数	200 千
版　　次	2019 年 1 月第 1 版
印　　次	2020 年 6 月第 2 次印刷
书　　号	ISBN 978-7-204-15222-3
定　　价	36.00 元

编委会成员

格日勒阿媽

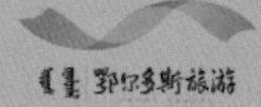

鄂尔多斯 温暖全世界

序

北方草原文化是人类历史上最古老的生态文化之一，在中国北方辽阔的蒙古高原上，勤劳勇敢的蒙古族人世代繁衍生息。他们生活在这片对苍天、火神、雄鹰、骏马有着强烈崇拜的草原上，生活在这片充满着刚健质朴精神的热土上，培育出矫捷强悍、自由豪放、热情好客、勤劳朴实、宽容厚道的民风民俗，创造了绵延千年的游牧文明和光辉灿烂的草原文化。

当回归成为生活理想、追求绿色成为生活时尚的时候，与大自然始终保持亲切和谐的草原游牧文化，重新进入了人们的视野，引起更多人的关注和重视。

为顺应国家提倡的“一带一路”经济建设思路和自治区“打造祖国北疆亮丽风景线”的文化发展推进理念，满足广大读者的阅读需求，内蒙古人民出版社策划出版《草原民俗风情漫话》系列丛书，委托编者承担丛书的选编工作。

依据选编方案，从浩如烟海的文字资料中，编者经过认真而细致的筛选和整理，选编完成了关于蒙古族民俗民风的系列丛书，将对草原历史文化知识以及草原民俗风情给予概括和介绍。这套丛书共 10 册，分别是《漫话蒙古包》《漫话草原羊》《漫话蒙古奶茶》《漫话草原骆驼》《漫话蒙古马》《漫话草原上的酒》《漫话蒙古袍》《漫话蒙古族男儿三艺与狩猎文化》《漫话蒙古族节日与祭祀》《漫话草原上的佛教传播与召庙建筑》。

丛书对大量文字资料作了统筹和专题设计，意在使丰富多彩的民风民俗跃然纸上，并且向历史纵深延伸，从而让读者既明了民风民俗多姿多彩的表现形式，也能知晓它的由来和在历史进程中的发展。同时，力求使丛书不再停留在泛泛的文字资料的推砌上，而是形成比较系统的知识，使所要表达的内容得到形象的展播和充分的张扬。丛书在语言上，尽可能多地保留了选用史料的原创性，使读者通过具有时代特点的文字去想象和品读蒙古族民风民俗的“原汁原味”，感受回味无穷的乐趣。丛书还链接了一些故事或传说，选登了大量的民族歌谣、唱词，使丛书在叙述上更加多样新颖，灵动而又富于韵律，令人着迷。

这套丛书，编者在图片的选用上也想做到有所出新，选用珍贵的史料图片和当代摄影家的摄影力作，以期给丛书增添靓丽风采和厚重的历史感。图以说文，文以点图，图文并茂，相得益彰。努力使这套丛书更加精美悦目，引人入胜，百看不厌。

卷帙浩繁的史料，是丛书得以成书的坚实可靠的基础。但由于编者的编选水平和把控能力有限，丛书中难免会有一些不尽如人意的地方，敬请读者诸君批评指正。

编　者

2018 年 4 月

目录

contents

目录 contents

01

热情豪放的酒文化

蒙古族的酒文化中，酒和歌总是相伴的。美酒和歌声是草原人款待客人的最高礼节。

酒文化是人类文化的一个重要组成部分，北方少数民族的酒文化，则是中华民族酒文化的一个重要组成部分。在北方少数民族的酒文化史上，蒙古族的酒文化是一笔不容忽视的重彩。在蒙古族的文化史上，酒文化占据了极其重要的地位。酒是人类发明的最早的饮料之一。无论是汉族，还是少数民族，酒都是社会生活中不可或缺的饮品之一。

著名作家老舍先生1961年在内蒙古写下的一首诗中写道："主人好客手抓羊，乳酒酥油色色香。祝福频频难尽意，举杯切切莫相忘。"这首诗非常生动地描绘出草原上的人们用奶酒、手把肉款待客人的场景，展现了蒙古族真诚、豪爽的性格。

蒙古族把酒视为饮品之首，无论何时、何地、何事，都要饮酒，出征前要饮酒，胜利后要饮酒，婚、丧、嫁、娶要饮酒，节假日

要饮酒，甚至在平日里也要饮酒。在蒙古族人的心目中，酒既不是苦的，也不是烈的，只是香的或甜的。

作为蒙古族的第一部历史、文学作品《蒙古秘史》当中也多次提及了酒。把酒作为蒙古族人生活中的一个重要侧面来加以描述，综合且较为全面地展示了蒙古族丰富的酒文化，极大地帮助了我们了解当时社会的政治变化、经济兴衰，以及蒙古族的礼仪、禁忌、伦理道德、心理素质、宗教信仰等各种社会生活状态。

提姆 · 谢韦仑在《寻找成吉思汗》一书中说道：“我有个疑惑，始终得不到答案。为什么这个沉溺在酒精里的民族，有本事开创如此庞大的帝国？即使在蒙古帝国的全盛时期，蒙古人喝起酒来，也没有半点节制。哈剌和林根本就是一座大酒池。鲁布鲁克曾经参加过一次喇嘛教与聂斯托留教派的宗教辩论会，会议才一解散，与会者剩下的时间全部用来喝酒，个个醉得不省人事。鲁布鲁克最后一次觐见蒙哥大汗，出门之后也还在想：这个国家的领袖为什么嗜酒如命？那时蒙古高层虽然酒杯不离手，但政务还照常处理。”由此可见，蒙古族的饮酒习俗，体现的是蒙古族人粗犷、豪放、乐观、热情、简约的民族性格。几千年来代代相传，生生不息。它们虽然没有实物载体，但却具有极富生命力的地域性、民族性和传承性。

蒙古族人喜欢饮酒，视酒为知己，他们认为“无酒不成席”“无酒不成礼”“无酒不成俗”，酒给宾主带来了欢乐，表达了主人对客人的尊敬和深情厚谊。因此，凡是有客人来，他们必定热情款待，宴席上必定备上各种美酒，而且主人一定和客人开怀畅饮。在宴席上，如果客人喝醉了，或吵或吐或睡，主人不但不生气，反而还特别高兴，他们认为那是客人喝好了，尊重自己，和自己一心了，即“客醉，则与我一心无异也”。

普通的客人来了，他们尚且热情款待，如果遇上值得庆贺的事情，他们更是载歌载舞，不亦乐乎。《蒙古秘史》中记载众蒙古人、泰亦赤兀惕部人在斡难河的豁儿豁纳黑·主不儿聚会，庆祝忽图剌被推举为合罕时的场面：“蒙古人欢乐地手舞足蹈，席宴享乐……环绕着豁儿豁纳黑的枝叶蓬松繁茂的树舞蹈。踩踏成的壕沟没肋骨，踩踏出的尘土没膝盖。”在盛大的宴会上，酒不能少，歌和舞也不能少，歌舞助酒兴，能将欢乐的气氛推向高潮，

这是蒙古族及其他草原民族所特有的酒俗之一。

蒙古族的酒文化中，酒和歌总是相伴的。美酒和歌声是草原人款待客人的最高礼节。婉转的歌声融入酒香，让人心旷神怡；醇香的美酒融入深情的歌声，让人开怀畅饮。蒙古族好饮酒，男女喜饮奶酒，且有大碗喝酒的豪侠风度。在歌声中举杯，在饮酒中欢唱，淋漓尽致地展现了蒙古族酒文化的魅力。

酒伴随蒙古民族走过出生、婚嫁、死亡等各个阶段，满足了人们祝愿、祈求的心愿，它以深层的文化内涵丰富了蒙古族文化。蒙古族酒文化源远流长，芳香四溢，而且，随着社会的不断发展，必将得到更好的弘扬和传承。

02

胸怀坦荡的饮酒礼俗

蒙古族认为酒是表达礼仪的最佳上品，祭敖包、祭奠、婚丧、得子、寿诞时必有酒。

蒙古族历史悠久，是一个热情好客、讲究礼仪、胸怀坦荡的民族，至今保持着一套特有的民族礼仪。饮酒有未饮先酹的礼数。“凡饮酒，先酹之，以祭天地。”蒙古人在设宴欢迎客人时，总是要斟满酒杯，捧出洁白的哈达，唱起悠扬的酒歌，送去一份美好的祝福，让人们领略到草原上的人们以酒寄情、以歌结友的胸怀。

蒙古族认为酒是表达礼仪的最佳饮品，祭敖包、祭奠、婚丧、得子、寿诞时必有酒。酒是相聚喜庆的首饮，故人重逢、宾客造访、家人团聚以酒表达情谊。蒙古族给孩子起名、举行剪发仪式时，都要以酒和手把肉款待亲朋好友。孩子的父母也向前来祝贺的亲朋好友敬酒表达谢意。

蒙古族在正式婚礼之前，由男方请媒人到女方家求婚。从求婚到举行婚礼的整个过程中，酒是不可缺少的。小伙子拜见姑娘的父母后，敬献洁白的哈达，敬酒唱《求婚歌》，表示求婚的意愿。求婚过程中，酒是表达意愿的媒介。举行婚礼期间，两位新人向客人敬酒，表达谢意和敬意。

饮酒和敬酒也体现着蒙古族传统的尊老敬长美德。每逢酒席，年轻人都要给长辈敬酒，并用双手敬献，把酒作为礼物赠送时，只送给长辈。过去讲究年轻人不在长辈面前饮酒。在祭祖先或葬礼的过程中，用酒表达对已故亲人的怀念之情。

元代蒙古族人的原始宗教信仰十分浓厚，他们认为天地万物都有神灵，而且对神灵非常虔诚，因此，“凡饮酒，必酹之，以祭天地。”萨都剌《上京即事》记载“祭天马酒洒平野”，即是说蒙古族人用马奶酒祭天。祭祀的方法，是用手指蘸了马奶酒洒向天或地，也可以倾倒。这种祭祀的方法被称为“洒祭”。在祭天仪式中，主要是用洒祭马奶酒的方式。蒙古族人除了祭天外，还祭祖。在蒙古族的祭祖礼仪中，主要使用的饮料类祭品也是马奶酒。《蒙古秘史》中诃额仑·兀真谴责俺巴孩·合罕的妻子斡儿伯、莎合台二人时说："你们以为也速该·把阿秃儿已经故去，我的孩子们还幼小，就不分给我们应得的祭祀祖先的份子、胙肉、供酒。为什么不等我，让我落空呢？"

蒙古族人的祭祖礼仪富有游牧文化特色，在祭礼中，蒙古萨满用蒙古语呼唤历代祖先的名字来飨食，然后把祭品包括马奶酒洒入挖好的祭祀坑中。除此以外，蒙古族还有"祭敖包"等原始宗教祭祀活动。但无论什么祭祀形式，酒都是必备的物品。

蒙古族人虽然喜欢饮酒，但也不提倡过度饮酒。过度饮酒，轻则误事伤身，重则酿祸乱，丧性命。

《蒙古秘史》中记载："（归）途中，也速该·把阿秃儿在路经扯克扯儿的失剌—客额列旷野时，遇见塔塔儿百姓正在举行

古代蒙古族"折箭教子"的传统故事

宴会。（因为）渴了，就下马赴宴了。那些塔塔儿人认出（他）来了，就说：‘也速该·乞颜来了！’于是，想起过去被掳掠的仇恨，暗怀报复，便使坏投毒给他喝了。途中，（也速该·把阿秃儿）感觉不适。走了三昼夜回到自己家后，（更加）严重了。”也速该·把阿秃儿如果不贪杯，就不会中毒，也就不会死。

提姆·谢韦仑在《寻找成吉思汗》一书中也有提道：“蒙古人喜欢喝酒，不论是卑微的牧民，还是如成吉思汗的盖世英雄，都爱喝得酩酊大醉。这在蒙古有长远的历史，而且还流传着各式各样奇特的传说：从19世纪在库伦街头行乞讨酒喝的可怜乞丐，到一举杯就连喝一个星期的最后一任哲布尊丹巴呼图克图；从王公贵族到贩夫走卒，人人都饮酒成癖。历史上的窝阔台大汗就是以善饮闻名。他的哥哥察合台劝他少喝点，否则，总有一天他会

死在酒精里。窝阔台凛然一惊，立誓从此酒量减半，还吩咐手下要替他计数，算算他一天到底要喝多少烈酒。但没过多久，他又故态复萌。蒙古人一见到酒，就会有些贪得无厌的孩子气，看来这个历史传说的可信度相当高。生性平和慷慨的窝阔台，最后还是死于酒精中毒，他的继承人贵由大汗，也是在酒杯间送了性命。”

成吉思汗统一了北方高原上的诸部以后，草原上的生活呈现出了一派安乐祥和的景象，人们常常饮酒娱乐，出现了饮酒过度的现象。成吉思汗听从母亲教诲，发布了禁酒令，并告诫臣民：“喝酒既无好处，也不增进智慧和勇敢，不会产生善行美德。酒会使人丧失知识、技能，成为前进道路上的障碍。饮酒过量，耳目失灵，业绩受损，有害无益。”并且以“如果无法制止饮酒，一个人每月可饱饮三次。只要超过三次，他就会犯下过错。国君嗜酒不能

主持大事，卫士嗜酒将遭受严惩”的强制性手段来控制人们饮酒。长辈也常以“酒若少喝似甘露，酒要过饮如毒液”，“君嗜酒则不能为大事，将嗜酒则不能统士兵”，“饮酒莫大醉，大醉伤神损心志”，“不要沉溺于酒，不要被懒惰害”等谚语来教导晚辈。蒙古族一直提倡“四十岁时只可品尝，五十岁出头可以喝一点酒，六十岁才可喝酒取乐”。

故事链接：

铁木真酒宴立威

铁木真在刚刚被推举为“成吉思汗”的时候，并没有人把他太当回事。大部分投奔他的部落酋长们都称他铁木真，很少有人称他成吉思汗。铁木真对称呼很在意，因为称呼本身象征着权威。但当时他的汗国里鱼龙混杂，严密的制度还未执行起来，他也只能一步一步来。

一次，间接挑战他权威的事件发生了，事件的挑起者是主儿勤氏前首领的两个遗孀。起因是这样的：在一次宴会上，服务员失乞兀儿给食客倒酒时，先倒给了主儿勤氏首领薛扯别乞的小老

成吉思汗讲述《大扎撒》中的传统道德

婆，然后才给那两位遗孀倒满。两个老太婆认为身份受到挑衅，在她们看来，主儿勤氏的小老婆不过是个皇妃，而她们则是皇太后，但凡有点脑子的人都该知道要先给皇太后斟酒，然后才能轮到皇妃。

她们认为铁木真对服务员失乞兀儿教导无方，又不敢直接对铁木真发难，所以就把倒霉的失乞兀儿叫到跟前，失乞兀儿以为有什么赏赐，赶紧凑过脸来，两人就配合无间地抽了不识体统的服务员两个嘴巴。

失乞兀儿两手捂着两边的脸，委屈地说："可汗的父亲在世时，可从来没有人敢这样打过我。"

众人都被这哀鸣吸引过去，发现失乞兀儿年纪的确很大，有可能真伺候过铁木真的父亲也速该。

他们又看向铁木真，但铁木真的表现很平静，好像根本没有听到失乞兀儿那句暗讥他软弱的话，也好像根本没有发生有人被打这件事，他热情地招呼着大家喝酒吃肉。

失乞兀儿发现自己的两巴掌可能白挨了，只好打起精神回到工作岗位，噘着嘴继续倒酒。

铁木真本想看在肇事者是两个老太婆的份上，不了了之，想不到很快又起波澜。这次挑事者仍然是主儿勤人，只是角色由两个老太婆换成了一个叫不里孛阔的亲王和一个无名小偷。

宴会开始前，铁木真要别里古台看守马匹，当他巡逻到铁木真坐骑时，发现有人正在解铁木真坐骑的缰绳。别里古台当即把这个小偷踢翻在地，捆绑起来。闻讯赶来的不里孛阔看到那个小偷，发现是本族人，马上推开别里古台，解开了小偷的绳索。

别里古台秉着"违法必究，执法必严"的精神，上前和不里孛阔扭打。二人拳脚相斗，不里孛阔突然抽出蒙古匕首，砍伤了别里古台的右肩。

别里古台担心事情闹大，会扫了铁木真和那群部落酋长的雅兴，所以捂着血如泉涌的右肩毫不在意地继续巡逻。

别里古台不知道的是，刚才发生的一切都被酒席上的铁木真看在眼里。他不能再装聋作哑，因为他的两个部下就在他面前连续受到同一伙人的攻击，他的威信扫地。他霍然站起来，像一只下山的猛虎冲到了别里古台身边。

这一冲，很危险。他这样夸张地冲下去不可能仅仅是为了慰问别里古台，肯定要有动作。而他行动的目标必然是主儿勤人，当时在座的主儿勤氏除了首领薛扯别乞和泰出外，还有好几位前蒙古王室的长老，这是铁木真称汗的几大基石之一，如果他们恼怒地离开铁木真，或者投奔札木合与铁木真作对，影响是极坏的，后果是不堪设想的。

但他好像胸有成竹，又好像是被怒气冲昏头脑。他冲到别里古台面前大声怒吼："你怎么可以忍受这种耻辱？"

别里古台也有着我们上面分析的担忧，他竭力平息兄长的怒火，平静地说："我伤得不重，没事。他们好不容易才投奔咱们这里，不要为了我而伤了和气。"

铁木真不想和兄弟说废话，他随手折了几根粗树枝，抄起搅拌马奶酒的粗杆子，冲向不里孛阔和那个小贼，双手挥舞着"武器"，一顿乱打，一直打到他们趴在地上不再动弹为止。

他舒展完筋骨，又跑回宴席，命令把那两个已魂不附体的老太婆捆绑，等候发落。然后大手一挥，散席。

铁木真的举动让他的兄弟们担心不已，者勒蔑不明白主儿勤人为何如此嚣张，铁木真给出了答案。

铁木真说，这都是家族等级制惹的祸。铁木真和薛扯别乞，还有不里孛阔都是合不勒汗传下的子孙，但薛扯别乞是大房子孙，铁木真是二房子孙，不里孛阔则是三房子孙。大房的和三房的联合起来瞧不起二房的，尤其是当蒙古三大骁勇部落中的两个部落兀鲁兀部和忙兀部到来后，铁木真对他们投入了过多的感情，这就引起了主儿勤部的嫉妒。

这次闹事可能就是他们这种心态的一个突然爆发。

但铁木真一点都不担心，因为长生天的力量一直在支持他，敬告他：没事。

果然没事，当天夜里，主儿勤部族的几位头领来了，向铁木真道歉。铁木真接受了他们的道歉，并且把那两个老太婆完完整整地交还给他们。主儿勤人发现两个老太婆除了脸色难看外，毫发无损，马上表现出对铁木真既感激又敬重的颜色来。

这是铁木真又一次展现他的性格，绝不允许任何人挑战他的权威。

事后，铁木真重开宴席，特意吩咐服务员失乞兀儿给主儿勤人倒酒时的次序，失乞兀儿洋洋得意，再给那两个老太婆倒酒时，他在她们脸上没看到一点之前的蛮横傲慢的表情。

03 先祖们都喝什么酒

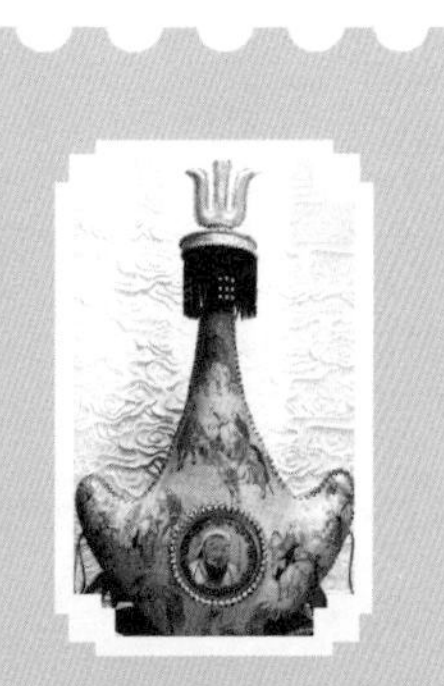

作为蒙古族的传统饮食，元代的许多文献中，都记录了马奶酒的用途。

蒙古族的主体部分主要生活在蒙古高原。蒙古高原包括蒙古国的全部，俄罗斯的南部和中国的北部部分地区，面积广大，为畜牧业和农业的发展提供了广阔的天地。畜牧业和农业的发展，也为酿酒业的发展提供了优越的物质条件。可以说，蒙古高原也是中国酒文化的发源地之一。从古到今，蒙古高原同样有着令人称道的酿酒史和酒文化史。而它的缔造者之一就是生活在这里的蒙古族。

《马可波罗游记》插图——马可波罗觐见忽必烈汗

意大利旅行家，曾经在元朝为官的马可·波罗在一次宫廷御宴上，得饮元世祖忽必烈亲赐的宫廷秘制奶酒，视为天下至味，终生引为无上荣耀，由衷叹服中国的酿酒技术。在马可·波罗的游记中，第一次将蒙古奶酒的美名传播到蒙古帝国以外的西方世界。蒙哥汗统治时期，有到达哈刺和林蒙哥汗朝廷的外国使节说：在蒙哥汗的宫殿里有一种与众不同的精巧装置在运转着。一棵由银子和其他贵重金属雕刻成的大树从宫廷中间升起，接近宫殿的顶端，同时各条树枝沿着椽子向屋内伸展；银质的果实垂挂在枝条上，枝条上有四条金质的大蛇缠绕在树干旁；在树梢上，升起了一个洋洋得意的天使——也是银子浇铸的，身边有一只喇叭；在树内有一连串复杂的气动导管，看不见的仆人可以往里面吹气，然后可以操纵它们来变魔术。当大汗想为他的客人倒酒时，树梢上的天使就会拿起喇叭放到嘴边并吹响它，于是大蛇开始喷涌出酒精饮料，并泻入放在树根处的大银盆里；每一条金蛇里流出的饮料都是不同的——有马奶酒、葡萄酒、米酒、蜂蜜酒。

从上边这一段文字可以看出，当时宫廷里饮用酒的种类就已经非常丰富了。据一些文献和资料的记载，历史上的蒙古族最常饮用的主要有这样几种酒：

一种是蒙古族自己用马奶酿造的马奶酒，叫忽迷思，也叫马湩（又写作马潼、马酉童）、马奶子等。蒙古族人用马奶制作马奶酒有悠久的历史，是蒙古族世代所延续的传统饮食之一。《多

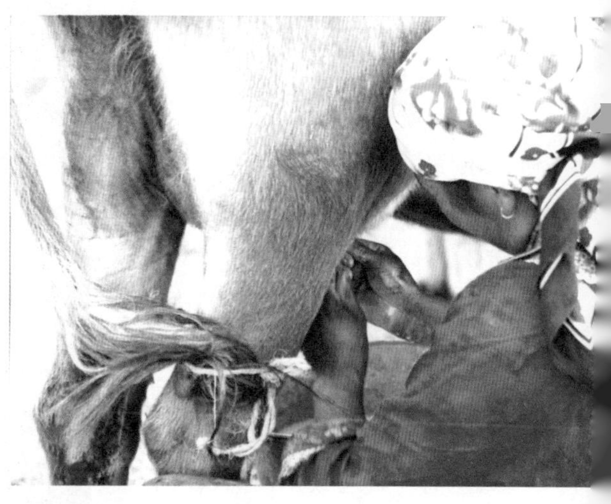

桑蒙古史》记载：“嗜饮马乳所酿之湩，曰忽迷思。”《马可·波罗游记》也记载：“鞑靼人饮马乳，其色类白葡萄酒，而其味佳，其名曰忽迷思。”马可·波罗来中国时，忽必烈曾在宴会上用马奶酒款待过他。马奶酒的制作方法比较简单，一般是把新鲜的马奶挤入一个大皮囊中，然后用一根特制的棒用力地搅拌，再静静地放一会儿，使其发酵，就大功告成了。《黑鞑事略》对马奶酒的制作方

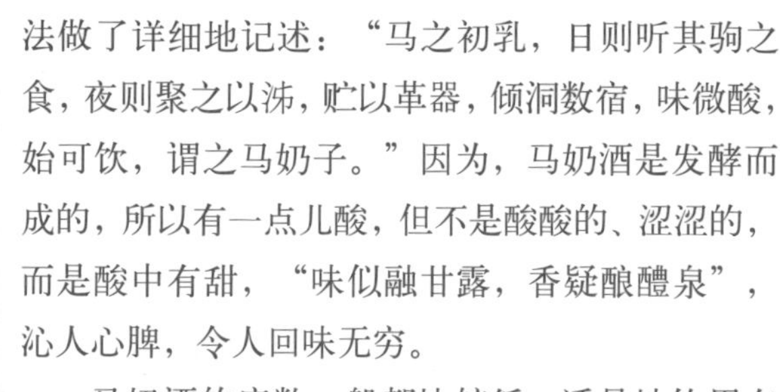

法做了详细地记述：“马之初乳，日则听其驹之食，夜则聚之以泲，贮以革器，倾洞数宿，味微酸，始可饮，谓之马奶子。”因为，马奶酒是发酵而成的，所以有一点儿酸，但不是酸酸的、涩涩的，而是酸中有甜，“味似融甘露，香疑酿醴泉”，沁人心脾，令人回味无穷。

马奶酒的度数一般都比较低，适量地饮用有健脾健胃的功效，能活血补气，舒筋通络，延年益寿，男女老少皆可饮之。提姆·谢韦伦在《寻找成吉思汗》一书中讲道：“奇怪的是，很少有评论家注意到，蒙古人在日常生活中，很容易就会喝到酒精，像是每天灌下的酸马奶中就有些酒精。鲁布鲁克曾经记载过一种被他称为是‘黑宇宙’的饮料，他形容它是一种很‘有劲儿的’玩意儿，

根据他的推测，这种饮料是不断搅拌马奶，除掉所有悬浮物质之后所留下的精华，只有蒙古贵族才有权取用。看起来，这种让鲁布鲁克印象深刻的饮料，应该就是今天被称为‘辛敏阿尔奇’的东西，意思就是‘蒸馏过的奶酒’或是‘奶酒精华’。这与单单被称为‘阿尔奇’的酒类不一样，通常指的是具有商业用途的伏特加。”

作为蒙古族的传统饮食，元代的许多文献中，都记录了马奶酒的用途。马奶酒的用途相当多。首先，主要是作为祭品出现，而且是饮料类祭品中最重要的一种，分别用于祭天、祭祖和祭神。其次，马奶酒还是宴席上的饮料，而且是宴席上最好的饮料。蒙古族人认为酒是食品中的精华，是五谷的结晶，在宴席上，只吃饭不饮酒，是不能表达自己快乐的心情的。第三，马奶酒还可以用于疗伤。《蒙古秘史》中曾记录了马奶酒用于疗伤的例子。有一次，成吉思汗在一次战役中颈部受伤，生命垂危，他的部下者勒蔑不顾自己的生命安全，冲入敌营为他寻找马奶酒，以救治成吉思汗。

另一种是黄酒（米酒）。蒙古语称作“答剌速”，元代以前，有些靠近内地的蒙古部落已经掌握了酿造这种酒的技术。有元一代，黄酒不仅是蒙古族人喜爱的一种饮料，而且被内地人民所喜爱。从而该词常被汉语借入，作打剌苏、打剌穌、打辣酥、嗒辣苏、嗒辣酥、打剌孙、答剌苏、答剌孙等。元代许多文学作品中的主人公都饮答剌速，说明元代各民族间文化联系的密切以及答刺速对其他民族的影响。答刺速也是元宫廷的主要御酒之一。因此，元代宫廷中专门设有掌管答刺速的官员。

再有一种就是葡萄酒。在元代，葡萄酒十分稀罕，作为宫廷饮品，只被蒙古汗、王及大臣饮用，被称作“法酒”。“法酒”与“私酒”相对而言，是按照官方规定的配方比例酿造的酒，主要在山西太原等地酿造。

故事链接：

“草原白”酒的由来

草原上的蒙古人最为好客，客至必饮酒。在内蒙古的饮食里，要说最能体现蒙古民族粗犷豪爽性情的，那还得说是酒，还不能是蒙古王之类的低度酒，必须得是来自草原纯牧区“草原白”酒，俗称“闷倒驴”，就像北京的“二锅头”一样有名，50多度，最高有60多度的。没有杂味，非常过瘾，醉的也舒服。普通的马奶酒，和“草原白”酒相比，只能当作饮料了。

以前，内蒙古草原上比较有名的酒是：“套马竿，草原白，马奶酒。”好一点的高度酒要数“草原白”了。那时候酒厂叫太仆寺旗酒厂，其实“草原白”不是酒的名字，“草原白”酒的意思就是草原上产的白酒，当时的厂长在太仆寺旗喝酒是出了名的能喝，而且脾气又很倔，有名的驴脾气。蒙古族人都是这样，好客、直爽，有什么事从不憋在心里。厂长喝自己厂子出的酒那是经常喝多，经常喝醉。一醉自然就床上一躺呼呼大睡去了，时间久了朋友们就给这个草原白酒起了个绰号——闷倒驴。

其实真正的“闷倒驴”倒并不一定是“草原白”，虽说是无据可考，却也有传说为证，要知道“闷倒驴”这个名字在草原上来说，那可是人尽皆知的。相传明万历年中，蒙古草原有一酒坊，名曰“百里香”。坊主酒叟也，寿七十余，生平酿酒，酒如其名，香飘百里。一日，坊中出新酒二坛，酒叟以驴荷之，欲市而沽。及市，酒叟见日上三竿，觅树荫而寐。酒香幽幽，驴不禁盗饮半坛。待酒叟醒转，却闻人声嘈杂，但见驴已卧醉不起，驴酣大作也。众而围观，老幼皆笑为绝倒。一书生前而谑之曰：驰誉草原百里香，香飘至此闷倒驴。酒叟亦谐，不日，百里香遂得戏称——“闷倒驴”！ 自此，“闷倒驴”酒被排为草原人民的烈性酒之首而名扬天下。

04

请喝一杯下马酒

大家都知道来草原要喝下马酒，这是蒙古族特有的招待客人的方式，但是，你知道下马酒的来历吗？

蒙古族是一个热情奔放的民族，由于长期的游牧生活，所以蒙古族被称为是“马背上的民族”。在这里酒是蒙古人与人交往的一个重要的媒介。《多桑蒙古史》记载：饮宴开始时，把酒洒在帐幕男主人头边的偶像上，随后依次洒在帐幕内所有其他偶像上。再由仆人盛一杯酒步出帐外，先向南方洒三次，每次均要下跪行礼，这是向火敬礼；接着向东方洒酒拜天，再向西方洒酒拜水；最后，向北方洒酒祭奠死者。男主人举杯将饮时，先要将杯中的酒倒一些在地上，作为对大地的尊敬，如果他是在马背上，便倒一些酒在马的颈部或鬃毛上。饮宴开始后，为了向客人证明酒中无毒，主人必先自饮，然后再递给宾客饮用。这种习俗一直延续到现在，成为蒙古族表示对客人礼敬的酒俗。

大家都知道来草原要喝下马酒，这是蒙古族特有的招待客人的方式，但是你知道下马酒的来历吗？

元墓壁画中的“敬上马酒图”

据说，下马酒是从成吉思汗时代流传下来的。相传，成吉思汗有两件心爱的宝物，一件是象牙做的扳指，套在右手大拇指上做射箭时钩弦之用。另一件则是雕花的纯银酒杯，喝酒时用。然而，成吉思汗怎么也没想到，他这两件宝物，在一次与他自小结义的兄弟札木合聚会时却救了他的命。

札木合见成吉思汗势力不断壮大，心生嫉妒，于是，准备在与他聚会的时候，找个机会在酒里下毒，杀了他。成吉思汗接到邀请后，部下都不同意他去，为了部落的生存和发展，成吉思汗思虑再三之后，还是骑马去了。到了那里，成吉思汗接过来迎宾酒，用扳指一蘸，象牙扳指变了色，成吉思汗耐住性子，把酒敬了天，札木合又连敬两杯，都有毒，他大怒，拿出银酒杯来干杯，札木合没办法，只好放弃。就这样，成吉思汗逃过了一劫，于是，敬天地和神灵的三杯酒就这样传了下来，这个故事也成为传奇。

还有一则故事是这样的：相传，在成吉思汗统一蒙古大漠的时候，攻打了很多的部落，每次战事都是捷报频传，一统大漠的心愿指日可待。这时候，有一个小部落因为占据在丘陵地带易守难攻，成吉思汗攻打了很久都没有攻打下来，成吉思汗很愤怒，于是采用人海战术，用强大的骑兵将这个部落整个围起来，不停地从各个方位进攻，还是没有成功。这个部落虽然没有沦陷，但是坚守的也很吃力，同样是伤亡惨重，而且粮草的供应也出现了问题。这个部落的首领是一个聪明睿智的勇士，他知道总有一天，成吉思汗会把这里攻打下来，那么，成吉思汗一定会把久攻不下的怒气发泄到自己的子民身上，到时候，就算自己的子民不被杀死，也会生活得很惨。于是，这个首领带着一个随从和一坛美酒到了成吉思汗的大营中，成吉思汗接见了他。首领对成吉思汗说："很久以前就听说铁木真是草原上的雄鹰，最近与你交手，你的气概与睿智让我很敬佩，我有心带着我的子民臣服于你，让广袤草原上的人民都成为一家人，让长生天父亲的儿子们团结在一起共同生活。但是，我要把我的子民交给一个勇士，我不知道你是不是真的勇士，我准备了一坛好酒，我敬你一杯，如果你喝了这杯酒，我就相信你是真的勇士，我带着我的子民永远追随你，如果你不敢喝，那么，你就是一个懦夫，我们是不会向一个懦夫臣服的，哪怕是战到最后一个人，最后一口气，我们也会顽抗到底！"成吉思汗很高兴也很为难，高兴的是这个首领的主动降伏，为难得是这杯酒，不喝，自己成了懦夫，这对一个蒙古勇士来说是奇耻大辱，喝了，怕酒里有毒。成吉思汗是一个非常聪明的人，他端起酒杯，用右手的无名指蘸了一下就弹向天空说："我敬天，是长生天父亲的庇佑，我们才能生活的如此富足！"之后，又蘸了一下弹向大地说："我敬地，是水草丰美的大地母亲哺育了我们草原儿女和肥壮的牛羊！"第三下他蘸了酒抹向自己的额头说："我敬我自己，我铁木真是草原上真正的英雄，因为我将要统一草原，建立前所未有的强大部落！"成吉思汗的右手无名指上戴了一个银戒指，这时候酒已经顺着手指流到了戒指上，戒指没有反应，成吉思汗知道

酒里没有毒，于是，将酒一饮而尽。从而完成了他统一蒙古大漠的宏图大志。

从此，喝酒前用手指蘸三下逐渐成草原上喝下马酒的习惯，并演变为一种习俗，成为蒙古草原迎接远方客人最尊贵的迎宾礼节。

故事链接：

者勒蔑为铁木真寻找马奶酒

在与泰赤乌人的战斗中，铁木真被流矢伤到了脖子，庆幸的是，没有伤到大动脉，不幸的是，产生了很多瘀血。虽然铁木真的伤势不是很严重，但太阳落山之后，他就失去了知觉，这种伤具有高度感染的危险，或许箭上还涂着毒药。

始终紧紧跟随在铁木真左右的忠诚伙伴者勒蔑开始发挥作

用，他彻夜守在铁木真的身边，还帮他吮吸瘀血，为防止把血溅到地上而冒犯土地，者勒蔑一口接一口，力图把血全部吞咽下去，者勒蔑的这一行为，除了有宗教的原因之外，还有就是不能让其他的部族战士们看到铁木真失掉了那么多的血。者勒蔑最后嘴唇麻木，已经不能吞咽下更多的瘀血，并且他的嘴角开始一滴滴的渗出血时，他才开始把血吐在地上。

吮吸完瘀血后，者勒蔑提刀站在铁木真毡前守卫，直到午夜时分，铁木真才从昏昏沉沉中醒来。

他一醒来就要喝马奶酒，这是因为失血过多导致的口渴，而据说马奶酒有解渴的功效。

这在平时不是难事，可现在就成了比登天还难的事，因为他们没有马奶酒。忠诚的者勒蔑急得眼泪都要下来了，他突然想到了泰赤乌人，他们肯定有。

问题是，泰赤乌人不可能把马奶酒双手奉上，者勒蔑想到了唯一的办法：偷取。但风险太大，泰赤乌人的营地里篝火冲天，就是一只小绵羊出现在营地都会被发现。者勒蔑额头都是汗，咬着下嘴唇，像是在做此生中最大的决定一样。

终于，他如释重负地吐出一口气，默默地说："豁出去了！"

不要以为者勒蔑说的豁出去只是简单地去泰赤乌部偷马奶酒，这当然是不要命的行为，他必须要保证成功，保证成功的前提才是他豁出去的，这个前提就是：一丝不挂地去偷马奶。

对于其他民族的勇士而言，赤身裸体至多是害羞，而对蒙古族的勇士而言，赤身裸体是种耻辱。任何一个蒙古勇士看到一个赤身裸体的男人，都会不由自主地转过身去，假装没有看到，因为这是耻辱，所以他会给对方留下面子。

者勒蔑把自己脱得一丝不挂，悄悄地潜入泰赤乌部落，他很快就被发现了，但发现他的人都把身体转了过去，没有看他。者勒蔑在敌人的营盘中翻箱倒柜，没有找到马奶酒，却找到了一大块奶酪。情急之下，他把奶酪掰下一大块，护在胸前，就在敌人眼皮子底下光着屁股安全回到了自己的营盘。

铁木真喝上融化的奶酪后，清醒了。当他知道者勒蔑冒险前往敌营的事，感动地流下了眼泪。感动之余，他突然意识到一件危险的事。他问者勒蔑："一旦你被捉，是不是会说出我受伤的消息？"

面对铁木真的多疑，者勒蔑气呼呼地回答："您怎么能这样怀疑我的忠贞！我为了您，已经挑战了草原上的传统。真被他们捉住，我会说自己要叛逃，结果被您剥光了衣服。当他们放松警惕时，我再逃回来。"

铁木真对者勒蔑的忠诚完全放心，说："你用口吮吸我的瘀血，又给我弄到奶酪，救了我的命。你的大恩，我永世不忘。"

05

严肃活泼的耐日那达慕

蒙古人对举办耐日那达慕有着几百年的丰富经验和独有的传统礼节。

蒙古人虽然把酒视为饮食之最，耐日（节庆，集会的统称）之魂，可也不提倡把它不分岁数的随意乱用，随意喝上几口的。对此，蒙古人在长期的生活实践中，对喝酒的岁数、敬酒、献酹等方面，都确立了具体而固定的标准和明确的礼节禁忌，创立了蒙古族独特的酒文化。

蒙古族的男人到三十七岁，过三个本命年之后（有些地方到了二十五岁，过二个本命年之后）认可为“成年汉子，体力健全的人，进入大人行列”，便视为“有资格当官，做婚宴的头儿，

可尽情享受秀斯，品尝美酒之头份”，并可以赏赐美酒了，从此以后才允许上桌喝酒。三十七岁之前饮酒沉醉者是属于不懂规矩的人，被人们讨厌。蒙古人有“四十岁时只可品尝，五十岁出头放开一点儿喝，六十岁才可用酒取乐”或“过分饮酒等于活受罪”的深刻认识。蒙古人视酒为饮食之最，忌讳站着品酒或饮酒。忌讳沉湎于酒里。忌讳在父母、长辈跟前喝酒吸烟。如果实在有应酬则经父母许可后，方可礼节性地喝一点。敬酒的时候，忌讳在客人的手上斟酒，必须把酒杯接过来，斟好后用双手敬上，否则等于轻视客人。

敬酒是蒙古人提升耐日宴会、招待仪式的气氛、巩固人际交往时常用的恭敬礼节。敬酒的礼节从敬策格（酸马奶）开始的。蒙古族《八大名贵食品》中的白玉浆指的就是策格。所以，把它作为王公贵族的招待品，出征、祭祀、封官晋衔、活佛转世、授予佛教职称的重大仪式以及耐日宴会，平时招待客人时都摆到主要位置上品用和谈论。

蒙古人对举办耐日那达慕有着几百年的丰富经验和独有的传统礼节。每当组织耐日时，首先推选出一位熟知耐日礼节的人当阿哈拉嘎其（汉意为当头儿的，主持人）。参加耐日的人们没有耐日阿哈拉嘎其的许可，不可随意相互说话、出入、调整座位。而且，什么时候唱什么歌，说什么祝词；什么时候执行什么礼仪都有固定的程序礼节。把好这个环节是使耐日有次序，气氛更为热烈、快乐的有力保障。各地的敬酒礼

节，虽然在敬多少杯酒和酒歌、祝词的音语上稍有些不同，可目的、礼仪、时间期限都基本相同。

总体来看，赴宴的客人都入席，主人的茶宴结束之后，才表明组织本次耐日的理由和目的，并按亲近关系、岁数大小推选出耐日的阿拉哈嘎其（主持人）。推选耐日主持人的基本条件便是多次主持过耐日那达慕的，在群众中具有很高名望的，无行政职务的人。经过这种程序推举产生的主持人，对耐日的成败负有重大责任。主持人上任后的第一件事就是宣布本次耐日的纪律和制度。之后，主持人选派一位劝酒员，两名敬酒员，进行首轮敬酒，从耐日主持人开始按次序每人敬三次（碗）策格。之后，乐队奏乐，歌手起头大家齐唱耐日之歌。伴唱三段曲子之后，再开始敬酒（酸马奶）。之后，选唱二到三首歌曲，用伴唱三段的形式边喝边唱歌。耐日这样延续一段时间之后，主持人宣布耐日间休。间休期间客人可以到外头处理吸烟、方便、照管马匹等事宜。之后，又回到原位坐好，耐日继续进行。

耐日的开头或中间结合祝福员说祝酒词、蒙古包颂、宴会祝词等不同内容的祝福词。耐日就这样延续到适当的时候，就要暗

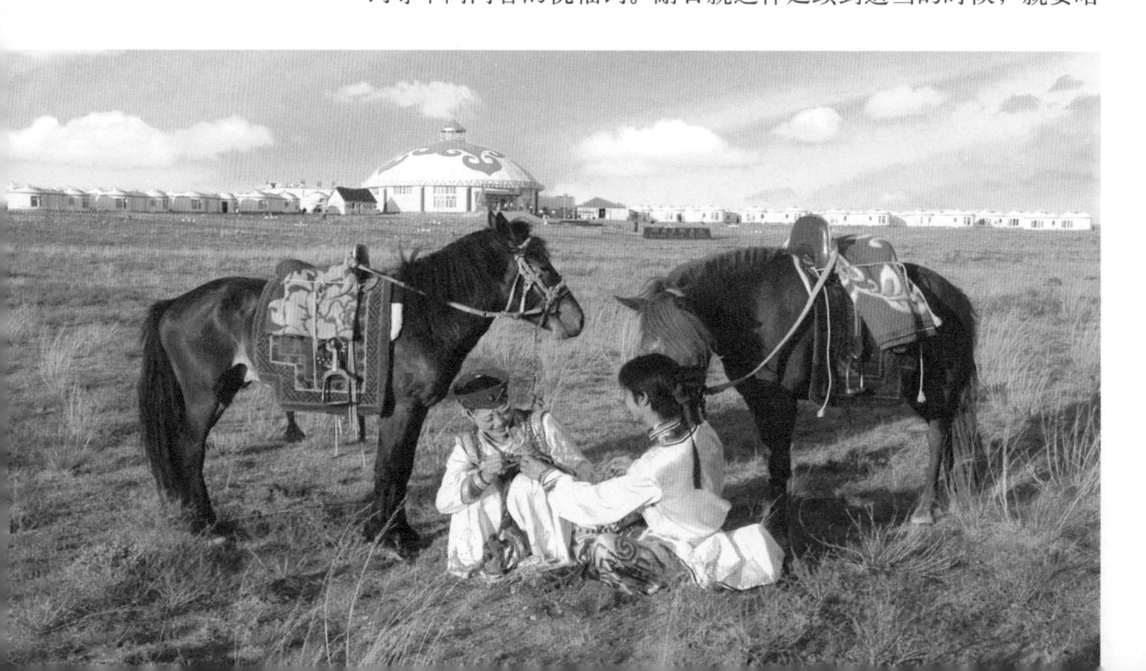

示结束。一般情况下，耐日什么时候结束，唱什么歌曲，说什么祝词，用多少策格都有详细的计划，耐日临近结束的时候，用耐日结束歌来提醒大家耐日快要结束。同时，耐日的阿哈拉嘎其有意识的说宴会的《嘱咐语》，耐日的《结束语》《结束的祝福》等内容传达耐日即将要结束的信息。这便是为了避免宴会无限期的延长而影响工作，以及使耐日更加次序井然的文明礼节。对于唱宴会的结束曲和祝福词人们什么时候都不能认为是撵人，而应当作是合情合理的，并应欣然接受。

有一首结束曲是这样唱的："马儿的耳朵是两只哟，上马的酒只有三杯哟，狐狸的耳朵是两只哟，送行的酒只有三杯哟"。唱出了动物的耳朵不多不少正好两只一样，谁都不能违反耐日规矩的暗示。还有："清醒的时候出发哟，备好畜力和车辆哟，天黑以前回去哟，趁早做一些家务哟"。等歌曲，提醒人们不能沉醉于酒里，要多考虑家业和事业。随着社会生活的发展，耐日宴会上的酸马奶变成了马奶酒，逐渐又发展为白酒代替了马奶酒。在使用的酒具方面由原来的大木碗变成了银碗，甚至由大杯发展成为小杯。敬酒的礼节在保持传统礼节的前提下，其内容及形式得到了更新和完善。酒歌的词曲也有了不同程度的变化，鄂尔多斯人在唱"金杯里斟满香甜的美酒，赛酒日喂咚赛嗨，朋友们欢聚一堂请您干一杯，赛鲁日拜咚赛"的同时，盘子里摆上三盅酒向客人敬酒。锡林郭勒人在献歌的同时，每人敬一碗马奶酒，在婚宴上执行每人敬三到六碗酒的规矩。

06

天人合一的敬酒礼

把饮食之最——酒的德吉向太阳、火灶献酹的用意就是为全人类的幸福安康做祈祷。

额济纳蒙古人在敬酒的时候，敬酒者先要在酒杯里滴一点酒，用右手按太阳转方向转着向陶脑（汉意为蒙古包顶中央的圆形天窗）敬酒。这时，屋里在座的全体人员轻松地握住右手原地转向陶脑的同时，用大拇指尖触到额头处以示行礼。这个举动叫“向酒酹叩首”。之后，杯里第二次滴一点酒向火灶敬献。第三次则斟满酒杯从客人中最年长的开始敬酒了。接受酒杯的人，把酒杯用双手恭敬的接过来以后，转移到左手用右手做“向酒酹叩首”礼，

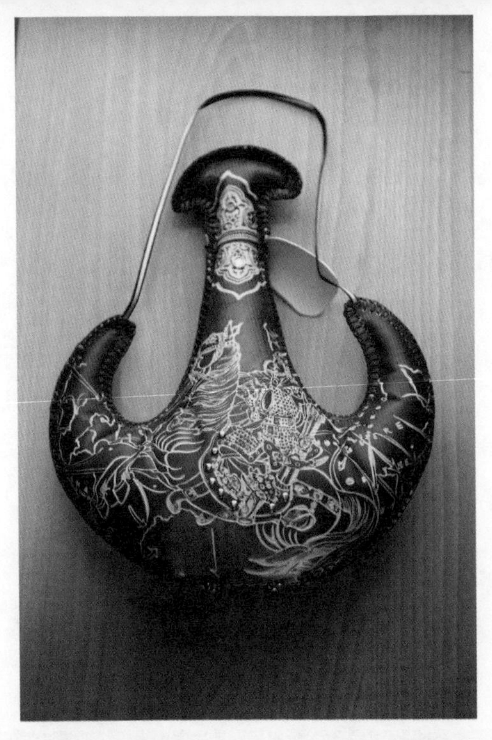

再把酒杯转移到右手品尝后还回去。敬酒者把酒斟满后，再敬下一位客人，以此，按太阳转次序向每位客人敬酒，这叫“轮流敬酒”。按此次序轮流到第三轮次的时候，客人必须把酒干杯了。这个礼节就叫“三轮式敬酒”礼节。三轮式敬酒结束之后，全体人员可以开始唱歌、游戏。游戏中每唱一首完整的歌曲之后，作为“歌的轮次酒”每人都要品尝一次酒。由于歌的轮次酒是随意喝，所以，这个轮次喝多少由自己来决定。三轮式敬酒的礼节也是卫拉特蒙古人古有的传统敬酒礼节。把饮食之最——酒的德吉向太阳、火灶献酹的用意就是为全人类的幸福安康做祈祷。

阿拉善蒙古人在敬酒的时候，敬酒者直接斟满酒杯向客人敬酒。接受敬酒的人把酒杯接过来之后，稍沾一下嘴以示品尝便可还回酒杯。敬酒者再斟酒又向此人敬第二杯的同时，道一声：“请您喝下！”并行敬酒礼。接酒者把第二次敬的酒按礼节必须干杯。按此礼仪向在座的客人按年岁大小次序敬酒的礼节就叫“两次式敬酒”礼节。两次式敬酒象征着所有人都用双耳听见好消息，用双眼看到美好的东西，用双手创造家业和事业，两人见面才能结缘的深刻道理。

献“斯日吉莫”（汉意为酹酒、乳、茶）礼节，是指在要喝的酒里面，用右手的无名指沾三次向上敬弹的习俗。弹献三次的内容有三，即一是“愿蓝天太平”，二是“愿大地太平”，三是“愿人间太平”。蒙古人正因为把酒当成饮食之最，所以，用它来表达人世间最美好的情感和愿望。

关于这项礼节有一则传说，讲述的是这一蒙古习俗形成的过程。

元天历元年(1328年)，元武宗的次子怀王图铁穆尔在大都(北京)称帝，号文宗。其实，应该继承宝位的是图铁穆尔的哥哥周王和世剌。谈起这和世剌，可真是个命运多舛之人。元重大四年

(1311 年) 武宗海山去世，和世剌作为海山的长子，本该继承皇位，可是却被其叔爱育黎拔力巴达夺去了皇位，和世剌仅封了一个周王。十七年后，又轮到和世剌当皇上，可却又被其弟怀王图铁穆尔抢先登了基。

图铁穆尔准备抢班当皇上时，为了平息社会舆论，对外宣称要让皇位于哥哥和世剌，并公开派人请当时尚在漠北的哥哥前去中都相会。可是，野心勃勃的图铁穆尔背地里却悄悄策划了一场阴谋。

和世剌接到弟弟的邀请十分兴奋，带着人马兴冲冲地从漠北向中都而来。在哥哥动身的同时，图铁穆尔也带着兵马从北京沿驿路向草原赶去，要去中都迎接哥哥。十几天后，哥俩在中都城相会。周王和怀王是亲哥俩，两边的兵马也都是同一部族的亲朋

好友，大家见面都十分激动。于是，宰牛、杀羊，开坛畅饮，一时间中都城内酒香弥漫，歌舞升平，俨然一派祥和的景象。

狂欢持续了三天。第三天午夜时分，旺兀察都草原突然阴云密布、狂风大作。几道闪电划过中都宫城，把幽光投向了神秘的宫阙。紧接着，惊雷炸响，暴雨倾盆，中都城似乎也在风雨中颤抖。

第四天早上，图铁穆尔昭告天下宣称哥哥和世剌暴病身亡并匆匆发丧，遣散了和世剌的亲兵和侍卫。

和世剌是怎样死的，已成历史之谜。此后，被称为“天历之变”的中都奇冤，凝结在中都上空飘荡徘徊，久久不去。这大概也是

人们称中都为鬼城的原因。

再说文宗图铁穆尔，阴谋得逞，十分得意，处置完中都事物挥兵上都祭拜先祖后，便准备回还大都。为节省时间，他们避开官道，择近路向东南而来。

两天后，文宗一行来到了翠屏口驿站（张家口堡）。当时翠屏口驿站设在一个很小的村落，驿站内房舍窄小，平时只能接待传递紧急军务的驿骑和低级别的政府官员。文宗驾临，急坏了地方官员。无奈中，他们把文宗让进了较为宽敞的关帝庙。刚刚坐定，地方官员已自奉上水酒。因为赶路，此时文宗确已有些饥渴，闻着那诱人的香气确实来了食欲，但接过酒碗，心头先自一怔。犹豫间，他忽然想起银器可以勘验酒中之毒。于是，在众目睽睽之下左手执碗，右手将戴着银戒的无名指浸入酒中。随即文宗又将手抬起，查看这银戒是否变色。可是文宗天生近视眼，大殿内光线又不是很强，模模糊糊看不很清楚，他又将手指沾湿，低下身来借着斜射进大殿的阳光验看。虽然银戒没有变色，但自己心中有鬼，还是有些放心不下。于是，干脆第三次把手指伸入碗中浸泡，再次举起手指认真查看，见银子确实并没有变色，才放心地饮下这碗酒。

皇上的举止，使在场的官员面面相觑，十分诧异。而文宗的贴身幕僚们却心如明镜，知道这是文宗怕酒中有毒，而再三试探。可皇上此举实在不雅，一旦传开，确实有失体统。文宗的幕僚们应变速度很快，在官员们愣神之际，马上由主管礼仪的官员出面解释道：吾皇举手敬天，垂臂敬地，平举敬母亲（朋友），此为蒙古最高礼仪，当为天下推行，大力倡导。酒足饭饱的文宗听后自是龙颜大悦，连连称诺。

不知内情的官员们听后，疑团释开，下去后纷纷效仿。后来这种敬酒礼仪也渐渐在民间传播开来，形成了一种习惯，并赋予了它以新的文化内涵，成为边塞地区特有的礼仪习俗。

07
纵情豪饮的马奶酒

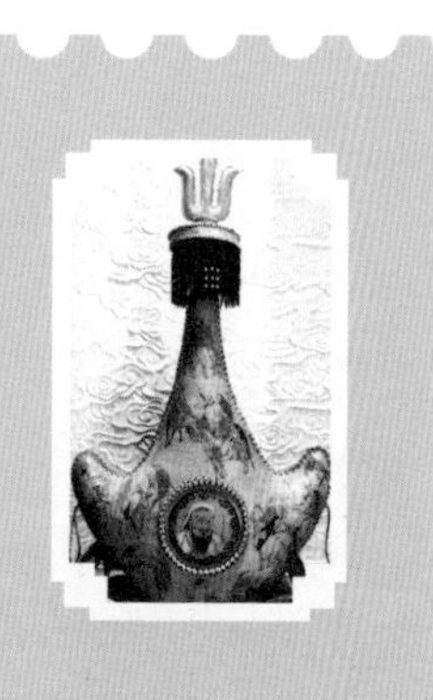

奶酒属自然发酵酒，它的历史早于谷物酒，是中国最早的酒类之一，是中国古代北方游牧民族对中国酿酒业发展的一大贡献。

原来在蒙古民族没有进入黄河流域之前，主要喝的是马奶酒，蒙古语称“额速吉”。蒙古族在十二三世纪，已经开始酿制马奶酒。西方旅行家马可·波罗、鲁布鲁克等均在他们的旅行记中记录了他们的亲身见闻。酿制奶酒是以畜牧业产生和发展为基础的。奶酒包括马、牛、羊、骆驼之奶酿成的酒。奶酒的酿制方法比较简单，不需要加任何糖化发酵剂，只需将原料收集储藏后，再用适当的方法令其自然发酵，就形成了奶酒。奶酒属自然发酵酒，它的历史早于谷物酒，是中国最早的酒类之一，是中国古代北方游牧民族对中国酿酒业发展的一大贡献。

奶酒的起源与畜牧业的起源相关联。约在距今六千年左右的

新石器时代晚期，在内蒙古的大兴安岭、阴山、贺兰山之中及其以北的广大草原上，出现了经营畜牧狩猎业的氏族人群，这从刻在三山中大量的畜牧业与狩猎岩画上可以得到证明。这是中国北方草原畜牧业的起源，应该说奶酒的酿制也应产生于此时。到距今四千年至三千年左右的夏商时期，这些氏族人群由原始的畜牧饲养逐渐发展成大规模的游牧经济，先后以鬼方、獫狁等名称见于史籍，从此，中国北方游牧民族开始登上历史舞台。估计此时

奶酒酿制技术已经比较进步，只是历史无载罢了。到春秋战国时期，北方游牧民族占据了三山南北的整个草原，而后形成了东胡、匈奴两大游牧王朝。此时，奶酒已为东胡和匈奴族所熟练生产，这在考古发掘和历史文献上都可以找到有力的证明。考古发现有东胡早期的陶制酒具，如红陶尊、灰陶杯等。

蒙古宗王宫廷生活图

《史记 · 匈奴列传》上载：“其攻战，斩首虏赐一卮酒”，又载汉文帝时，汉将中行说投降匈奴，向匈奴单于献计，要他拒绝和摒弃汉王朝送的酒食，“得汉食物皆去之，以示不如湩酪之便美也”。这湩酪便是指奶酒和其他奶食品，可见奶酒已是匈奴日常生活中的主要饮料。继东胡和匈奴之后，经乌桓、鲜卑、突厥、契丹、女真、蒙古族两千余年的发展，奶酒一直是历代北方少数民族喜用的饮料，其酿制技术也更加成熟。《后汉书 · 鲜卑传》载，鲜卑人“其语习俗与乌桓同”，亦是食肉饮酪；《隋书 · 突厥传》载，突厥人“饮马酪取醉，歌呼相对”；《辽史》和《金史》记载契丹族和女真族“饮用湩酪”内容更为详细；在元明清的大量历史文献中，记载蒙古人饮用奶酒之事更是随处可见。

提姆 · 谢韦仑在《寻找成吉思汗》一书中有过这样的描述：“至于马奶，则是我们蒙古朋友的最爱，每天都可喝上好几加仑。

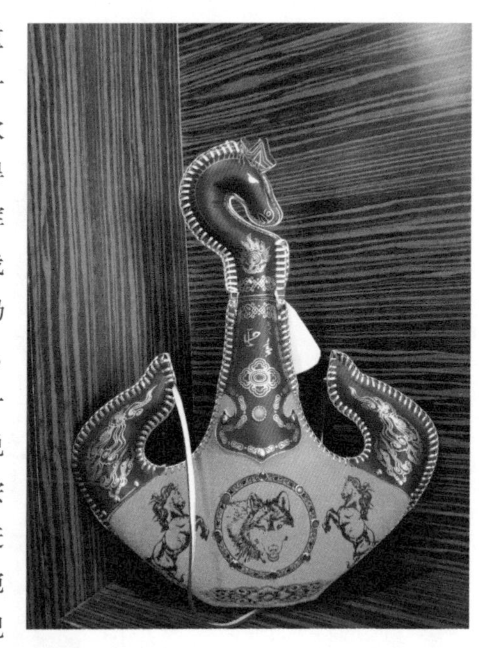

‘马奶是他们最看重的东西’，鲁布鲁克一语道破蒙古人偏爱的饮食，也难怪蒙古人赢得了‘马奶豪饮客’的诨号。这是真的，看到我们的蒙古朋友猛饮马奶的样子，不是亲眼看到，简直无法置信。他们一天喝上十七到二十品脱是稀松平常的事情。按照蒙古人的规矩，每进一顶蒙古包，不喝三碗马奶就出门是很不礼貌的，为了顾全颜面，我和保罗也只好舍命陪君子。马奶通常装在桶里，要不然就是装在袋子里，挂在门边。蒙古人不喝新鲜马奶，他们喝的马奶都是发酵的，带点酸，喝进嘴里，还有些嘶嘶的气

泡感。喝到一半，蒙古包的主妇还会拿出一个连着竿子的马奶袋，不住地把空气灌到袋子里，加快酸化过程。不过，喝酸马奶会让人觉得兴奋，宛若醉酒，这倒是真的。酸马奶里也许有些酒精，要喝得非常多，才会让人觉得全身松软无力，行动迟缓。我们每天都得喝上好几加仑的酸马奶，但骑马时从来没有喝醉酒的感觉，只要迎着清爽的空气，深呼吸，立刻觉得神清气爽，那些喝酸马奶也会醉的人，可能是喝完之后没有运动，才会酸软无力，昏昏沉沉。”

《蒙鞑备录·粮食》记载：“鞑人地饶水草，宜羊马，其为生涯，只是饮马乳，以塞饥渴。凡一牝马之乳，可饱三人。出入只饮马乳，或宰羊为粮，故彼国中有一马者必有六七羊。谓如有百马者必有六七百羊群也。”《黑鞑事略》记载：“其军粮，羊与泲马。手捻其乳曰泲。马之初乳，日则听其驹之食，夜则聚之以泲，贮以革器，顷洞数宿，味微酸，始可饮，谓之马奶子。”《鲁布鲁克东行记》虽然也提到蒙古人“用米、粟、麦和蜂蜜造上等饮料”，但这些原料都是从遥远的地方运来，只有宫廷贵族才得以享用。大多数蒙古人饮用的酒类主要是蒙古本地生产的马奶酒，也称忽迷思。酿制大量的马奶酒必须依靠庞大的养马业。由此可见，奶酒取自源于北方草原的畜牧业生产，适应于北方草原的游牧生活，因此，成为北方游牧民族不可缺少的饮料。

窝阔台汗国的王室贵族

08

色味俱佳的酸马奶

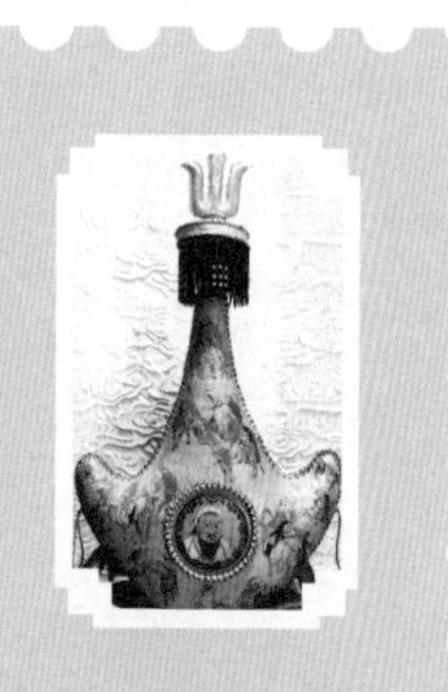

到元代，蒙古族对奶酒的制作不仅具有简单的发酵法，也出现了制作烈性奶酒的蒸馏法，这是奶酒制作技术上的一次飞跃。

自新石器时代晚期到金元时期的数千年里，中国北方草原游牧民族的奶酒制作技术不断进步，但基本上都是发酵法，只是在工具上不断改进。其制作方法在历代史籍中早有零星记载。

从新石器时代晚期到金元时期，中国北方民族制作奶酒的技术日益熟练，但基本方法都是将奶倒入容器中，进行搅拌撞击，使奶油分离发酵成酒。这是一种比较简单的奶酒酿制方法，在蒙古人中一直保留到今天。只是将大皮囊改成了立式木桶，更利于

操作。

到元代，蒙古族对奶酒的制作不仅具有简单的发酵法，也出现了制作烈性奶酒的蒸馏法，这是奶酒制作技术上的一次飞跃，是借助蒸馏器的使用推动奶酒酿制方法的重大革命。有关蒸馏奶酒的制作方法，在元代史料上只有零星记载。元人称蒸馏酒为阿剌吉酒，忽思慧在《饮膳政要》一书中说："用好酒蒸熬取露成阿剌吉"，这只是简略地说了蒸馏取酒要旨。明代人肖大亨在《北虏风俗》一书中将蒸馏奶酒的制作方法记得较为详细，其说"虏酒多取马乳为之"，"马乳初取者太甘不要食，越二三日则太酸不可食，唯取之以造酒。其酒与我烧酒无异。始以乳烧之，次以酒烧之，如此至三四次则酒味最厚，非奉上宾不轻饮也"。到清代的《蒙古族风俗志·蒙古酒考》中说得更为详细：蒸馏法是把发酵的马奶倒入锅中，上面扣一个无底木桶。木桶内侧上端有几个铁钩，将一个小陶瓷罐挂在木桶内侧的小钩上，使其悬空吊在木桶中央。木桶口上坐上盛冷却水的铁锅。烧火煮奶，蒸气不断上升到铁锅底部，遇冷凝聚滴入小陶罐中，这就是头锅奶酒。头锅奶酒度数不高，叫"阿尔乞如"。还可以将头锅奶酒多次蒸馏，使酒的度数逐次提高。其名称也根据回锅次数的多少而异。二酿的酒叫“阿尔占”，三酿的叫“浩尔吉”，四酿的叫“德善舒尔”，五酿的叫“沾普舒尔”，六酿的叫“熏舒尔”，六蒸六酿方为上品的奶酒。蒙古族蒸馏奶酒的制作方法和器具，在民俗学的调查中，也从实物方面验证了它的科学和进步。在民俗学调查中发现内蒙古的各盟旗牧区，至今仍用奶酒蒸馏锅，其形制大同小异，分成翁牛特式、察哈尔式、鄂尔多斯式，等等。但基本形状都是：下为盛料铁锅，中为木桶，上为冷却铁锅，冷却铁锅之下悬挂奶酒容装器。这是元代宫廷奶酒蒸馏器的延续，只是较之前简单与粗陋了。

“在乡间，蒙古人只是利用简单的蒸馏设备，就可以做出这种蒸馏酒。蒸馏的工具多半是一个油桶大小的管子，罩在炉火翻

腾的奶水上面，另外一头盖着一碗水，不时用勺子搅一搅，降低温度。蒸气碰到碗底，凝成水滴，等到颗粒够大，就会滴进悬在管子中间的容器中。”“这种酸马奶刚入口时，舌尖会感到一股刺激，像是吃了没成熟的果子，但喝完之后，舌头上却会留下一股杏仁般的奶香，嘴里的感受还算舒服。如果脑筋不怎么硬朗，说不定还会有点喝醉酒的感觉。这种饮料喝了之后，会让人不断想上厕所。鲁布鲁克‘会让人不断想上厕所’以及‘喝多了会醉’的两大理论，现在都还常常听到蒙古人和外国旅客提起。就我的观察，这两大理论也不完全没有道理。会不断想上厕所，多半是因为奶喝太多了。我们从这个蒙古包到下个蒙古包，一路做客，每停一个地方，就得喝个三五碗酸马奶，总有个五六品脱。在上

马朝下个蒙古包奔去之前，当然应该清理一下负担。酸马奶或许利尿，但是，喝这么多，想不上厕所也难。”（提姆·谢韦仑《寻找成吉思汗》）

由此可见，中国古代北方游牧民族奶酒有两种制作方法：一为发酵法，其自北方畜牧氏族出现一直沿用至今；二为蒸馏法，其自元代出现一直沿用至今。发酵法酿制的奶酒绵软清醇，蒸馏法酿制的奶酒酒性稍烈，但都饮用可口，被北方民族视为珍品。早在东胡、匈奴及至鲜卑、契丹时期，北方游牧民族就用奶酒祭祀天地，以示虔诚。到元代以来，则列为蒙古八珍之一，元朝皇帝常以奶酒赏赐功臣。元朝开国功臣耶律楚材嗜好这一饮料，赋诗称赞：“革囊倾处酒微香”“寿酸滑腻更甜香”“愿得朝朝赐我尝”。元人刘因在《黑马酒》诗中写道：“仙酪谁夸有太元，汉家挏马亦空传。香来乳面人如醉，力尽皮囊味始全。”意大利旅行家马可·波罗喝了马奶酒后也赞叹“其色类白葡萄酒，而其味佳。”在元代中央政权中专设监制奶酒的官吏，称太仆寺诺颜，他要亲自过问饲养母马和挤奶诸事，要求十分严格，其下属人员从哈剌赤——黔首（百姓）中挑选，可见，元朝宫廷对制作马奶酒的重视。在元明清三代，不仅官方奶酒酿造业十分发达，民间酿造也极为普及，牧民家家会配制马奶酒。岷峨山人《译语》一书说，蒙古族“第岁三四月中牝马生驹时，家家造酒，人人嗜饮”。奶酒为北方民族所喜用，也为中原汉族所喜好。早在汉代，中原人就饮用匈奴人发明的“挏马酒”，中央政府专设“挏马”之官。到宋代，都城开封，则有契丹族风格的奶酒名店“乳酪张家”。到元代，宋伯仁写《酒小史》一书，称蒙古族奶酒为“北胡消肠酒”，列为时之名酒。奶酒透明醇香，营养丰富，既是上乘饮料，又能驱寒治病，确为酒中名品。

马奶酒清凉爽口，沁人心脾。马奶酒传统的酿制方法主要采用撞击发酵法。这种方法，据说最早是由于牧民在远行或迁徙时，为防饥渴，常把鲜奶装在皮囊中随身携带而产生。由于他们整日骑马奔驰颠簸，使皮囊中的奶颤动撞击，变热发酵，成为甜、酸、辣兼具，并有催眠作用的马奶酒。由此，人们便逐步摸索出一套酿制马奶酒的方法，即将鲜马奶盛装在皮囊或木桶等容器中，用特制的木棒反复搅动，使马奶在剧烈的动荡撞击中温度不断升高，最后发酵并产生分离，渣滓下沉，纯净的乳清浮在上面，便成为清香诱人的马奶酒。除这种发酵法外，还有酿制烈性马奶酒的蒸馏法。蒸馏法与酿制白酒的方法近似，一般是把发酵的马奶倒入锅中加热，锅上扣一个无底的木桶或用紫皮柳条、榆树枝条编成的筒状罩子，上口放一个冷却水盆或锅，桶内悬挂一个小罐或在桶帮上做一个类似壶嘴的槽口。待锅中的马奶受热蒸发，蒸汽上升遇冷凝结，滴入桶内的小罐或顺槽口流出桶外，便成马奶酒。用这种蒸馏法酿制的马奶酒，要比直接发酵而成的马奶酒度数高些。如果将这头锅马奶酒再反复蒸馏几次，度数还会逐次提高。

提姆·谢韦仑在《寻找成吉思汗》一书中说道：“从鲁布鲁克造访蒙古以来，做酸马奶的方法就不曾改变。他说，酸马奶是这样做成的：他们在地上钉了两根木桩，再在木桩上绑上两根长长的绳子。到了第三个小时（大约上午9点钟），把绳索绑在一头母马和小马身上。母马站在小马身边，乖乖地让人挤奶。如果母马不耐烦了，旁边会有人牵小马过去，让小马吮几口，再把它拉开，让挤奶的人接手。

他们很快就可以挤出一大桶马奶，新鲜的马奶像牛奶一样香甜好喝。然后，蒙古人会把马奶放进皮囊或袋子中，把棒子放进去搅。这种棒子是专门搅奶用的，粗的一端有人头大小，中间镂空。蒙古人舂得很快，没两下子，马奶里就充满了泡沫，变酸、发酵，但是，他们还不住手，仍是一个劲儿地舂，目的是萃取脂肪。脂肪淬取出来之后，蒙古人会舀一勺马奶，尝尝味道，如果味道变得没那么辛辣，就可以饮用了。”

09

纯洁的饮品——阿日黑

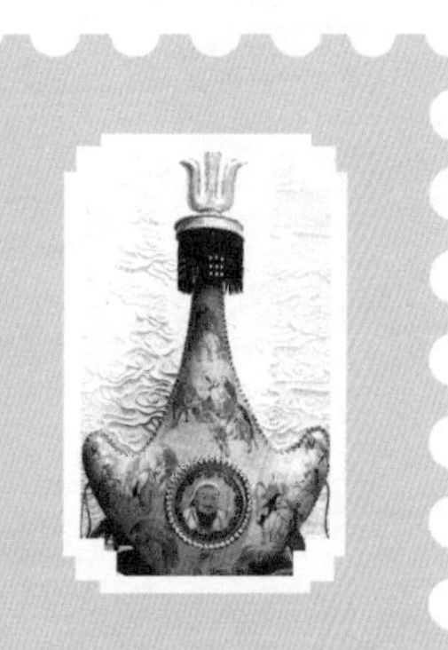

蒙古族人见到尊贵客人到来时首先敬奶酒拜见，这也是一种最高礼节。

蒙古民族用五畜（牛、马、驼、山羊、绵羊）奶制酒饮用历史悠久。从驯化经营五畜，利用它的产品开发研制出了用五畜的奶制酒饮用的文化世代相传。

蒙古民族先后把野畜变为家畜饲养，从利用它的产品开始就对五畜产品的食用方法进行研究，如何能够节约利用。因为当时的家养五畜不多，产品少，而有的产品有季节性。如五畜的奶汁是五畜的活体产品而不损原身，并且营养丰富，使人能够生存的唯一高级食品，这样就必须把它利用好而不能浪费。

五畜的奶汁主要产于夏季。冬季来临，五畜怀胎产子前几个月甚至一年的时间不产奶汁，这期间人们就没有随时可食用的鲜

奶食品，因此，需要在五畜哺乳的半产期间进行加工贮存，备于淡季、缺产期食用。而半产期主要在炎热的夏季，当时也没有先进的加工设备和贮存技术，只能靠制成干品的方法进行保存。这样在制成干品过程中奶食的很多奶水汁就会被浪费，因此，人们避免奶水汁被浪费，把奶水汁制成膏剂食用，在制成膏剂的过程中发现这个膏剂特别酸，不能经常食用。但是，由它产生的蒸馏水不太酸，绵润可口、味美，有暖身、兴奋、安神等作用。这样蒙古人开始有了制酒文化，有了蒙古酒“阿日黑”。酒这个名词用蒙古语叫“阿

日黑”，是由蒙古语酸奶“爱日格”演变而来。

蒙古酒是具有暖身、兴奋、开胃、广通思路、加快血液循环、除痹、理气安神之功效的饮食极品。蒙古地区寒冷、风沙大，游牧生活，居住分散，野外作业时间长，尤其是冬季人们外出作业时就需要饮几口酒保暖、防寒，因此，常带一些酒备用。

蒙古酒来源于奶。奶是五畜产品的精华，是无污染的，有活性的纯洁食品。蒙古族人见到尊贵客人到来时首先敬奶酒拜见，这也是一种最高礼节。这是因为酒能够解寒、解乏，能够安神健胃，主人表白自己的心情是与奶酒一样的热情纯洁。

蒙古人把奶制酒作为饮中上品，对其特别尊重。他们认为奶子本身是饮品，也是食品，只有靠食用它才能生存。蒙古奶酒是

由奶子转换而来的精品，同时，蒙古奶酒的制酒技术代代相传，是一个家族经年累月，经过几代、几十代人不断传承，它带着前辈们的福气。因此，蒙古人喝酒前先敬天、敬地、敬祖先后，再自己喝。制酒的奶釉不送人，喝酒的酒具不用别人的，制酒的工具不往外借，没有成家立业的、不满十八岁的男子和处于生育期的女人不能饮酒等讲究，都是对酒的尊重。

10

迎请尊贵的酒酵母

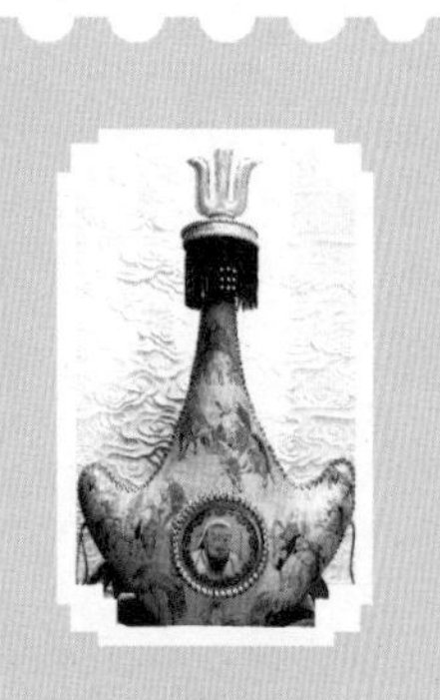

蒙古人的制酒方法很简单，只需大小两口锅、一个木制围桶和一个接酒器（陶罐）就可以了。

蒙古酒酵母是指一个家庭或一姓家族多年存下来的酿造制酒的酸奶液或奶干粬。蒙古人很重视和尊重请酒酵母。一般情况下酒酵母在一个家庭和一姓家族中请送，外姓家族和外嫁的姑娘都不能请送。请酒酵母要选日进行。一般都选寅日上午辰时进行，这天，请酒酵母者必须早晨寅时起床，备上三四斤鲜奶和哈达，骑马跑到有酒酵母的一姓家里去，进门后要跪拜主人、敬献哈达，

然后递上装鲜奶的容器说："请你们的尊贵酒酵母。"被请酒酵母者主家接上奶容器后，放置一边什么也不说，坐着。这时请酒酵母者站起来再说一遍："请你们的尊贵酒酵母。"这时被请家主人显出不耐烦的样子转到酒酵母桶前，往酒酵母桶里倒一点请酒酵母家的鲜奶后，余下的鲜奶倒进其他容器里，再给请酒酵母者的容器里装进一斤左右酒酵母奶液，头都不回地还给请酒酵母者，请酒酵母者接到酵母奶液快步走出家门骑上马，也不回头地往家跑。这时被请酒酵母的家主人从后面赶出来喊："我们的富贵不给你。"

请酒酵母者回到自家门口时大喊一声："我们的酒酵母回来了。"进门后在酒酵母奶汁中加一些自家的鲜奶和酸奶液，放置干净的地方后按时按次搅动，在二至三天之内发现容器里发出沙沙的声音时很高兴地说一声：“我们的酒酵母已活了。”然后把酒酵母放进大容器里每天定时定量加鲜奶和奶液进行搅拌，开始制酒酵母奶液。

养酒酵母，蒙古人把制酒酵母奶汁认为是养护一种活的物体，把这个作法程序称为养酒资源。将养酒资源液与抚养孩子一样看待，因为，制酒酵母奶液有知冷、凉、热、饱、饿的五种感觉和高兴、发愁、忧愁等三种脾气。因此，在养酒酵母奶液时要精心养护，特别要注意它的五种感觉和三种脾气，发现问题及时纠正解决。

养酒酵母奶液的温度要保持在20—24℃左右，每天定量加鲜奶和奶液，搅拌1000次以上，养14—21天左右，容器装满放置23小时左右自行溢出容器叫作养护成功，就可以制酒了。有时，因为没有严格保持温度或按时加鲜奶和奶液搅拌，而酒资源会发生变质现象，即被视为酒资源已死，这就不能制酒了。要把变质的酒资源处理掉，再请酵母重新养护。养酒酵母奶液的容器主要用木、瓷器和五畜的皮张制成，搅拌器则是木制的。

蒙古人的制酒方法很简单，只需大小两口锅、一个木制围桶和一个接酒器（陶罐）就可以了。20 世纪中叶，在牧区有 100 只以上大畜（牛、马、驼）1000 只以上小畜（山羊、绵羊）的人家都自制蒙古酒饮用。

制酒时，把大锅放置在灶上，加 8 分满的制酒发酵奶液，上面放围桶，这个围桶是 2—3 尺高的两头开口的上小下大的木制锥形木桶，下口与大锅口径一样，上口比小锅口径小。围桶中间吊上接酒器，上面放置小锅，灶内烧火，发现小锅底烫了，就证明锅内奶液已开，改为小火，在上面小锅内加冷水，发现水热了就换冷水，直至下锅内的酵母奶液熬干为止。制奶酒时要注意上下锅与围桶之间封闭，要用布、绒、软革围绕，密封好，不能漏气，接酒器的容器要充足，防止酒满外溢。

工作证

11

传统隆重的马奶节

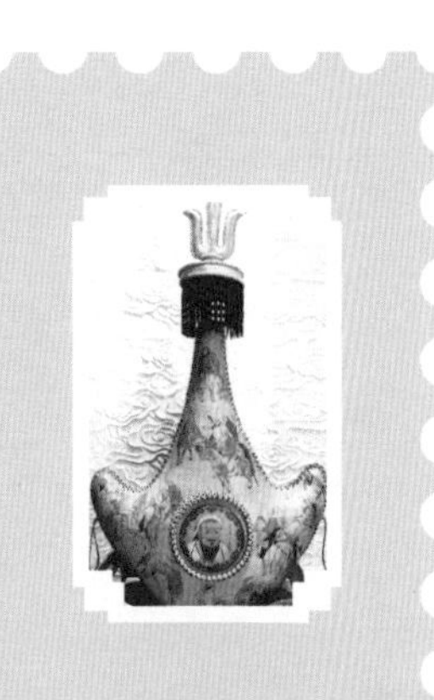

每年七八月份，牛肥马壮，是酿制马奶酒的季节。草原上的牧民逢青草茂盛，骒马下驹时，就开始挤马奶和发酵制作其格（马奶酒）。

马奶酒不仅是蒙古族人民的酷爱，同时也是哈萨克、克尔克孜等族人夏季招待客人的消暑饮料。元代诗人许有壬形容马奶酒："味似融甘露，香疑酿醴泉。"清代词人肖雄说它"其性温补，久饮不间，能返少颜"。草原上的食物除了肉类以外，大部分营养都来自这种马奶酒。传统的蒙医将马奶酒用于治疗高血压、糖尿病、肠胃病，有意想不到的疗效。

相传，铁木真的未婚妻孛尔帖兀真，原是弘吉剌惕部落的公主。铁木真征战在外时，她在家里一面思念远征的丈夫，一面制

作奶食品。有一天，她在烧酸奶时锅盖上的水珠流到旁边的碗里，嗅到了特殊的奶香味，喝一口异常味美香甜，还有一种飘飘欲仙的感觉。后来，她渐渐地在生产生活中掌握了制酒的工艺。并简单的制作了酒具甄桶（布日哈尔）、冷却锅（介力布其）等，并亲手酿造奶酒。在铁木真做大汗的庆典仪式上，她把自己酿造的奶酒献给成吉思汗和将士们。大汗和将士喝了此酒以后，连声叫好。从此成吉思汗把它封为“御膳酒”，起名叫“赛林艾日哈”。

“各种奶类都可以用这种简单的锅子蒸馏出酒精。我们喝过的‘辛敏阿尔奇’，就有骆驼奶、牦牛奶、山羊奶、马奶许多种类。奶酒通常要蒸馏两次，强化酒精浓度。每一种‘辛敏阿尔奇’有不同的特性：从牛奶蒸馏出来的酒最醇厚；从马奶蒸馏出来的后劲最强；骆驼和山羊奶制成的奶酒，据说‘最甜美，最容易入喉’。清纯无色、能让人精神一振的‘辛敏阿尔奇’，酒精浓度不逊于雪莉酒跟掺入烈酒的各种酒类。酒量平平的人，两三碗下肚，就会有些醺醺然，再多喝一点，就真的要醉了。对一般的蒙古牧民来说，这种奶酒价格低廉，风味绝佳，而且，要喝多少有多少。大概十七品脱的奶，就可以做出一大碗的奶酒。到蒙古包做客，按照礼节得先喝三大碗的酸马奶，接下来，干个两三轮的'辛敏阿尔奇'"。（提姆·谢韦仑《寻找成吉思汗》）

每年七八月份，牛肥马壮，是酿制马奶酒的季节。草原上的牧民逢青草茂盛，骒马下驹时，就开始挤马奶和发酵制作其格。当入秋草木干枯时，就使马驹合群，停止挤马奶。因此，从伏天至中秋，这一段时间，被称为"其格乃林查嘎 "（即饮马奶酒的欢宴季节）。每当这一季节到来时，牧人们家家户户门前都拴

马驹、挤马奶。蒙古族妇女们将马奶收贮于皮囊中，加以搅拌，数日后便乳脂分离，发酵成酒。酿成其格后，不论是男女老少都要饮，自家没有酿造其格的牧民，可到别人家去饮，都会受到欢迎。尤其是在那达幕大会上，草原上的人们更是畅饮其格，用以庆贺畜牧生产的大丰收。

马奶营养最为丰富，马奶制作的其格有很好的保健作用，对胃肠心肺疾病也有一定的疗效，所以，蒙古族牧民自古都非常重视和喜欢饮用马奶。每年夏季开始挤马奶和中秋停止挤马奶时，牧民们都要举行马奶节。挤马奶又是一件劳动强度大的工作，马群为远食性牲畜，其活动半径为几十里至几百里范围内，挤马奶从早到晚进行三至四次，所以，往往需要牧户们相互协作才能完成此项工作。这样马奶节不但隆重而且成为群众性的集会。

主人首先选定吉祥日子，并提前公布于众，到节日那天附近的牧民都来参加马奶节。马奶节的前两三天主人专请周围的驯马能手，把马群集中起来，然后，套抓所有的小马驹并拴在牵绳上，开始挤马奶制作马奶酒。马奶节的那一天，在拴马驹的牵绳右上方铺白毡，放上方桌，桌上有羊背，奶食等食品，桌前放一个装满马奶的木桶，木桶两耳上各系一个哈达，旁边摆放木勺和套马

杆等。马奶节仪式由九位骑白马的骑士和主人共同完成，首先九位骑士从牵绳骑上马来到蒙古包门前，主人用银碗献鲜奶于骑士，骑士品尝鲜奶之后顺时针方向绕蒙古包一周后再次来到拴马驹牵绳旁，抬起装满马奶的木桶，边行边用木勺进行萨察礼（把马奶向空中抛洒），祭祀天地神灵，主人高声朗诵马奶萨察礼赞词，众人骑马绕场三周结束仪式，还要给种公马和头驹系哈达。然后众人聚会畅饮马奶酒，庆贺马奶节，祝福风调雨顺，水草肥美，五畜兴旺。

马奶酒在历史上最风光时，就是在成吉思汗黄金家族举行的诈马宴上，奶酒是首选酒和必备酒。据当时制度规定，国家凡遇有“朝会、庆典、宗王大臣来朝、岁时行幸，皆有燕飨之礼”。(《经世大典序录》《礼典燕飨》）诈马宴是最隆重的燕飨之礼，马可·波罗说元代一年举办诈马宴达十三次之多。据内蒙古师范大学蒙古史研究所邢洁晨教授著《历史上蒙古族的诈马宴》一书考证，成吉思汗黄金家族的诈马宴既隆重又豪华，且等级鲜明，宴酒则首推奶酒。

诈马宴会的御酒以三种为主：“马湩”“哈刺基”和“葡萄酒”。首先是马湩，就是马奶酒。哈刺基即今天的白酒。虞集《道国学古录》描述诈马宴的喝盏之俗：“自天子至亲王，举酒将酹，则相礼者赞之，为之喝盏”。“大汗将进酒，侍者执酒近前半跪进献，退三步全跪，全场皆跪，司仪高喊，哈！在云和鼓乐的伴歌声中，大汗饮毕，乐止。众人复位，随后君臣畅饮。”席间大汗常“传杯臣下，以示宠幸”，臣下要近前接杯半跪，退三步全跪饮酒。

《马可 · 波罗游记》中说，他看到“大汗（忽必烈）豢养了成千上万的牡马和牝马，色白如雪。只有成吉思汗的直系亲属，才有权利饮用这种马乳”。连宰相耶律楚材想饮，也得大汗赏赐。他的一首赞奶酒的诗中就称：“浅白痛思琼液冷，微甘酷爱蔗浆凉”。

12 虔诚吉祥的祝颂词

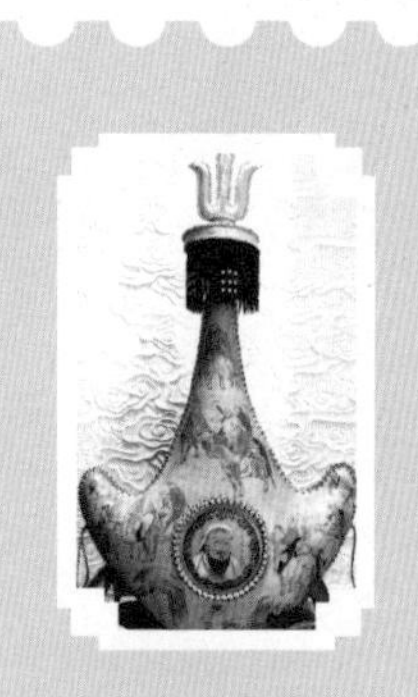

迄今，蒙古地区民间制作马奶酒的风习仍盛行不衰。他们把制作马奶酒的曲种，即活酸奶视为蒙古人的传家宝。

蒙古人饮食以饮为主，史料中均有记载。《鲁布鲁克东行记》载：“我俩走在路上，一天只吃一顿饭，有时甚至三天才吃一顿饭，其余时间都是喝酸马奶充饥……”并且说：“在夏天，要有忽迷思，即马奶子，他们就不在乎其他食物。”这种以饮为主的饮食方式，给蒙古军队和游牧民带来许多方便。成吉思汗骑兵之所以能纵横驰骋，来去如飞，就在于他们无须准备庞大的后勤辎重，每日只

喝数碗酸马奶足矣。《马可·波罗行记》载："……其人为良武士，勇于战斗，能为他人所不能为。数作一月行，不携粮秣，只饮马乳，只食以弓猎得之兽肉。"这种以酸马奶代食的简朴艰苦传统，现今犹存。在牧区放牧或打草时，虽然劳动强度大，牧民也不准备什么干粮，喝几碗酸奶一天便挺过去了。

蒙古族人的饮食习惯，似乎并不强调一定要填饱肚皮，而是不饿便可。这证明酸马奶营养价值高，食之少许，可耐饥饿。成吉思汗的远祖孛端察儿在其流浪生涯中，每日向"林木中百姓"乞讨"额速客"度日，这里所说的额速客就是指发酵后有酸味的乳制品，即酸马奶。据札奇斯钦注云，额速客是指酸马奶的总称，而"其克""艾日格"，《元史》所载之"马湩""忽迷思"，这才是正宗的马奶酒。古

代向大汗或宫廷中供奉的马奶酒，就是这种透明无腥味的马奶酒。元代有专门制造马奶酒的机构和官员——太仆寺及其那颜。其所辖人员全从哈剌赤中挑选，他们视酿制马奶酒为殊荣，酿制仪礼也十分严格。这是因为马奶酒是圣洁之物，它被用来祭祀天地祖先以及宴飨招待贵宾，所以，宫廷和个人对之十分重视，酿制马奶酒的事业相当发达。

迄今，蒙古地区民间制作马奶酒的风习仍盛行不衰。他们把制作马奶酒的曲种视为蒙古人的传家宝。老人们说：“宁可丧命，不能断种”，这曲种是从很古以前保存传承下来的。俗话说：“一家有曲种，千家喝酸奶”，每逢奶子下来以后，没有曲种的人家要用一种特殊的礼仪方式向有曲种的人家请曲种（酵母）。有了曲种，将之盛入瓷或瓦的器皿里，加一点奶子喂起来，随着曲种的增长，更换另一大容器装盛，继续定时按比例加奶子和酸水，用专门的木杵频频搅动，使之起泡，越发越多，当发出像河水流淌或下雨时的唰唰声，视之发绿而清澈，便成为酸奶。有的地区在第一次拴起马驹做成酸马奶后，要请客人品尝，并吟《酸马奶祝词》：

祝愿太平安康，
在巍巍高地，
搭起帐篷。
在茫茫的草原，

拉起练绳。
备好乌热宝马,
趁着黎明起程,
在飞箭射不到的地方,
在颠马越不过的滩中,
赶在旭日之前,
把公马点清。
……
手持长长的套杆,
挥动圆圆的套绳,
催动坐下快骏,
旋风般地奔腾,
将那胡兰其和图,
骒马的驹儿,
从头套住,
拴上缰绳。
拴成串儿的马驹,
像那砂崖的沙鸡,
铺天盖尘。
练成行的马驹,
像那野滩的黄头,
结队成群。
车头上拴满母马,
木桩上拴满马驹,
桶里酸马奶涌流,
人人喜盈盈。
有扎比亚做的把儿,
有檀香木做的杵棍,

有象骨似的皮筒子，
宝具件件妙如神。
制成有名的酸奶，
质地纯净散芳馨。
酿成有名的奶酒，
浓香可口香气盈。
把这镶金嵌银的木碗，
碗碗满酙，
高高举起，
献给嘉宾，
呼瑞，呼瑞，呼瑞！

对来客如此慷慨奉祝赞外，对家族儿女新制的马奶酒，也要表示祝福，一首《酹酒祝词》如此吟诵：

从成吉思汗酿造起，

高贵食品的“德吉”。

名曰圣洁的酒浆，

称之为美味玉液。

像清水无色透明，

菜肴的养分全具。

这奶汁酿出的精华，

虔诚向上天洒祭，

龙王保佑布云播雨。

绵球似的团团云朵，

笼罩苍穹天宇。

使这些可爱的儿女，

成为人类纽带世代维系。

羊群犹如绵团滚涌，

挤满浩特牧地。

冒起泡沫的马奶酒，

把所有酒缸盛满泛溢。

善跑的各色骏马。

嘶叫声声悦愉。

祝愿家族儿女，

健康幸福，

万事如意。

酿酒时，如左邻右舍或亲朋光临，女主人便要慷慨地把新酿的奶酒敬奉品尝畅饮，其中善于祝颂者，便高声吟诵奶酒赞，一首《奶酒祝词》吟道：

祝你太平安祺！

从那上古时期，

将白牝之乳，

作为祭酒之礼，

便酿成奶酒，
向昊天泼洒奉祭，
上至成吉思汗，
下至毡帐百姓全体，
全都酿制酸奶美酒，
作为食品最高礼遇，
献给享用的全体。
如今酿造的美酒，
乃是
挤下的黄牝之乳，
做成其格之珍稀。
挤下花牛之乳，
酿成浩日木格香气溢。
酸奶像湖泊一样聚集，
乳汁像江河一样喷起。
前天的奶水，
昨日的酸奶，
今天美酒淌溢。
酿制这美酒之际，
心灵手巧的俊美姑娘，
聪明能干的标致儿媳，
在那四方腿三棱箍，
火撑之上安置起——
将军大锅一具。
倒进酸奶，
扣上酒笼，
点起活火，
顶上套进小口锅，

凉水兑换凭规矩，

奶酒流淌不停息，

灌满玉瓶飘香气。

愿你酿酒如海涌，

愿你名声遐迩举，

愿你祖辈财源茂，

子孙兴旺好福气！

从以上酸马奶和奶酒祝赞来看，除赞美酒和祝福吉祥外，对酒的制造过程也有描述，与《剪羊毛祝词》《毡子祝词》的风格十分相近。通过对酸马奶、奶酒的祝赞，将制作这两种食品的原料、工具和大致的劳动过程展现在你面前，满怀深情地赞美了人们的智慧和创造性劳动。

故事链接：

马奶酒的传说

公元1221年，成吉思汗六十大寿，天下大宴三天，酒宴正兴时，成吉思汗最宠爱的妃子也遂对成吉思汗说："大汗，如果你高山似的金身忽然倒塌了，你的神威大旗由谁来高举？你的四个儿子之中，由谁来执政？请大汗趁大家都在，留下旨意吧！"大臣赤老温也上前说道："术赤刚武、察合台骁勇、窝阔台仁慈、拖雷机智，各有所长，究竟谁是奉神的旨意来接大汗大旗的，就让上天为我们明示吧！今天是大汗的寿辰，就让四兄弟一起出发，去为大汗找一份最珍贵的贺礼吧。善于走路的头羊总能找到最美的水草，献上最珍贵礼物的那个，肯定是得到天神的眷顾。”成吉思汗听后，沉思片刻说：“最神勇的马不会藏在马群里，最矫健的雄鹰总是飞得最高，就这么定了，明天此时，谁将最珍贵的礼物带到这里，谁就接过我的大旗。”于是，四兄弟各自出发了。长子术赤骑着鬃火云马向东方奔去，次子察合台骑着尾乌雅马向北方奔去，三子窝阔台骑着龙驹马向西方奔去，四子拖雷骑着黑蹄骝骊向南去。四匹骏马载着蒙古族的四位勇士消逝在夜幕中。

第二天，金乌西附、玉兔东升之时，大汗帐前的草原上已整整齐齐地排着五万人队伍，大汗坐在由三十八匹马拉着的指挥车上，大臣、妃嫔御马环侍左右，一面青色大旗，在风中猎猎作响。月亮渐渐升到了半空，忽然，随风飘来一股若有若无的香气，人群为之精神一振：这是什么香气，比奶香更绵长，比美酒还醉人？就在此时，草原上传来由远而近的马蹄声，四兄弟同时到达。术赤献上碧玉珊瑚，大汗将它放在车的左边；拖雷献上百年老参，大汗将它放在车的右边；察合台献上紫貂皮，大汗将它放在车的后边；窝阔台献上的只是一个皮囊，大汗将皮囊上的木塞拔掉，一股浓郁的香气扑鼻而来，原来是一斛奶酒！大汗恍然大悟，情不自禁地举起了酒杯，喝了第一杯，大汗口齿生香；喝了第二杯，大汗通体舒泰；喝了第三杯，大汗连声称赞：“好酒”“好酒”！随即将此酒赏赐左右，草原一片欢呼。究竟谁能继承大汗的权位呢？只见大汗手一挥指碧玉珊瑚说：“此物虽稀有，但不当饥，不止渴，与我部无益。”又拿起貂皮说：“此物虽贵，但我部族中以此为衣者能有几人？百年老参虽然难得，也只能滋养一人而已，这奶酒却不同，它就出自我们草原，酒香而不腻，味醇而绵长，族人饮用可助酒兴、强身体。四夷饮用可亲和睦，去隐忧，真是待人之道啊。我以为四物之中以奶酒最平常也最珍贵。”于是，成吉思汗便立窝阔台为继承人，御封窝阔台进献的奶酒为“御膳酒”，用以庆典或款待外国使节。

13

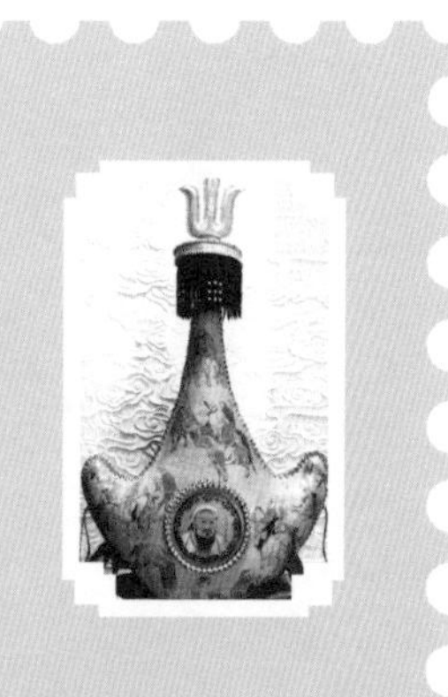

蒙元时期的耶律楚材，是大政治家也是大文学家，他喜好饮酒，所作酒诗竟达数十首之多。

蒙古族自古以来就提倡文明饮酒，极力反对酗酒。他们认为，少量饮酒可以增加欢乐气氛，有利于健康。酗酒则有百害而无一益。过去，由于牧区生活内容比较单调，平时聚会较少，所以，每次饮酒的时间都很长。随着经济的不断发展，人们的生活内容逐渐丰富，生活节奏逐步加快，饮酒的习俗也在逐步发生变化。有酒的地方就有酒文化。地域风光、人文景观、民情风俗、劳动追求皆为酒文化提供了丰富的创作源泉，源于生活又飘有酒香的

精彩酒文化层出不穷。

蒙元时期的耶律楚材，是大政治家也是大文学家，他喜好饮酒，所作酒诗竟达数十首之多。如他在《过天山周敬之席上和人韵》一诗中写道："憩马居廷酒半醺，寂寥寒馆变春温。未能鹏翼腾溟海，不得鸿音过雁门。千里云烟青冢暗，一天风雪黑山昏。天涯幸遇知音士，仔细论文共一樽"。这是他经过内蒙古西部地区居延海一带，在居延官舍中所做的酒诗，诗中说："是美酒使寒馆变成了春温，而且是酒逢知己论文共饮，是一派豁达的文人气魄"。

明代北方蒙古族的诗词创作处于低谷，但南方汉族对北方蒙古族的饮酒却有诗作描述，其中最著名的是于慎行的《题忠顺夫人画像》。这是一首七言绝句，诗中写道："天山猎罢云漫漫，绣袜斜偎七宝鞍。半醉屠苏双颊冷，桃花一片蹋春寒"。于慎行是明穆宗时的进士，任礼部尚书，兼东阁大学士，曾数次到塞北边疆巡视，所以，才能据三娘子画像写出如此生动的诗句。诗中所描绘的三娘子，酒后纵马驰骋，半醉中豪气内蕴，端庄漂亮，犹如一片桃花，开在塞北的早春时节，从中也可看出青年时代的三娘子是喜好饮酒的女中豪杰。

在内蒙古阴山中有匈奴族饮酒歌舞的岩画，其内容为：在平阔的草原上，有几个匈奴人席地而坐；前边放着罐、壶等盛酒器皿，手中持有杯、卮等饮酒器具，正在开怀畅饮；旁边有马匹停立，在远处有放牧的牛羊。由此可以想见，这是在秋高草肥的季节，匈奴骑士或是放牧之余在野外聚餐饮酒，或是狩猎之后在野外聚餐饮酒，情节十分生动，反映了两千余年前匈奴人饮酒的情景。

在内蒙古元代墓壁画中，酒宴仍是绘画的主要内容，其中以

凉城郭县天元墓壁画饮宴图、赤峰元宝山元墓壁画饮宴图、赤峰三眼井元墓壁画待宴图最为精彩。赤峰三眼井元墓壁画待宴图，作者以超空间组合的手法，表现了一个元代贵族家庭女主人等待男主人归来共同饮宴的情景。壁画的内容是：室外草原广阔，杨柳青青，一派初夏风光；男主人狩猎之后，正驰马归来，后面紧跟两名骑马仆从，其中一人臂上架猎鹰；画的另一侧是，硬山式房舍，红墙灰瓦，窗户大开，堂门大开，通过窗户可以看到桌上正摆放着肉食酒具；堂门之外站立着女主人和女仆，击鼓吹乐，满面笑容，正在迎接男主人的归来。这是一幅别具特色的待饮图，可以想象出男主人为草原勇士，狩猎高手，女主人端庄贤惠，善操家政，夫妻将举杯共享狩猎之后的欢乐。这是历代草原酒宴绘画中最具马背民族的特色作品。

明代草原民族饮酒的绘画也有很多出色的作品，如三娘子画像、榷场图、贡马图等都十分生动。可惜多为汉族画家作品，对草原生活不甚了解，所以也就难以刻画得入木三分。其中，内蒙古包头市美岱召壁画虽属宗教绘画，但对草原民族与酒的关系却

有着比较生动的描绘。美岱召壁画中最精彩的是三娘子礼佛图和大成比吉礼佛图。三娘子端庄稳重，大成比吉风流漂亮，其周围是蒙古可汗、乐人、僧侣、武士，等等。在三娘子和大成比吉下方摆放着酒食，尤其是酒具，均为矮足银杯，颇显豪华精致。看来三娘子与大成比吉这两位草原女杰，在礼佛时是不避酒食的，这可以说是草原宗教观的一大特色，也是密宗的一个特殊现象，这在绘画中得到了有力体现。

全方位表现草原民族饮酒生活的绘画作品当属《清代草原生活图》，此为宣纸工笔画，推测为生活于当地的蒙古族画家所作，现藏内蒙古博物馆。还有《草原盛夏图》，为布帛画，也是蒙古族民间画家所画，现藏蒙古国造型艺术博物馆。两画的内容大体是：盛夏的草原正是牧业丰收的季节，牧民们聚在一处表演赛马、摔跤、射箭等游艺活动，并有狩猎、欢宴、交易等几十种生活场面。可以说这是草原生活的全景图，是自北方游牧民族出现以来游牧聚会生活最集中的表现。其中酿酒、饮酒的场面达数十处，成为两幅画中非常突出的内容。特别是铜酒桶、东布壶、银碗等精美的酒器，及使用方法和饮酒礼仪描绘得十分生动，充分表现了游牧民族与酒文化的关系。

可以说以酒为题材的绘画是草原绘画艺术史的重要组成部分，它表现了酒在草原民族生活中的地位和作用，饮酒是一种高层次的精神享受。

14 助兴美酒的歌伴舞

蒙古族在酒宴中更是离不开歌舞，这是民族的重要习俗。

中国古代北方游牧民族以能歌善舞而著称。草原的酒作为一种兴奋剂又不断推动草原歌舞升华与进步。因此，完全可以说酒与歌舞同酒与诗词一样有着不解之缘。俗语说，蒙古草原是歌的海洋，舞的故乡，歌与舞都在美酒的催化下得以发扬光大，代代相传，这是自然环境与民族生活生产形态一种天然的联系。

蒙元时期蒙古人的一般家宴礼俗讲究“口利”“换盏”。《黑鞑事略》记载：“其饮马乳与牛羊酪，凡初酌，甲必自饮，然后饮乙。乙将饮，则先与甲丙丁呷，谓之口利。不饮则转以饮丙，丙饮讫，勺而酬甲，甲又序酌以丙丁，谓之换盏。本以防毒，然后习以为常。”《蒙鞑备录》记载：“鞑人之俗，主人执盘盏以劝客，客饮若少留涓滴，则主人者更不接盏，见人饮尽乃喜。”宴饮之间则必恣意狂欢，以歌舞助兴，以歌舞劝酒。《鲁布鲁克东行记》记载：“而当主人要饮酒时，一个仆人就大声喊道：‘赫’！于是琴手弹起琴来。同时，他们举行盛会时，都拍着手随琴声起舞，男人在主人前，女人在主妇前。主人喝醉了，这时仆人又如前一样大喝一声，琴手就停止弹琴……他们要跟人赛酒，便抓住他的两只耳朵，拼命要掰开他的喉咙，他们同时在他面前拍手跳舞。同样，当他们要为某人举行盛宴款待时，一人就拿着盛满的酒杯，另两人分别站在他的左右，这三人如此这般向那个被敬酒的人又唱又跳，他们都在他面前歌舞。他伸出手去接杯，他们迅速地把杯子缩回去，然后，他们再如前一样送过去。他们三番四次不让他接着杯子，直到他兴奋进来，有了胃口，这时他们才把杯子递给他。他边喝酒，他们边唱歌拍手踏足。”从鲁布鲁克绘声绘色的记述中看出，当时一般生活家宴上唱的宴歌，其功用主要有二，一是助兴，一是劝酒。

由于马奶酒对蒙古人来说就像水和粮食一样不可缺少，由于宴歌作为蒙古人宴饮礼俗的构成部分具有广泛的实用性和娱乐

性，所以蒙古人的宴歌很发达。可以肯定地说，宴歌是蒙元时期最繁盛的民歌种类之一。

蒙古族在酒宴中更是离不开歌舞，这是民族的重要习俗。在元代民间饮酒以歌舞助兴，官方饮酒更以歌舞助兴，尤其是皇家大型酒宴必以歌舞助兴。元代皇家宫廷在上都饮酒歌舞的情景，虽然没有直观的绘画资料可供评赏，但在元代的文献史籍和诗词中，却有极其丰富的记载。他们不仅记载了在酒宴中有蒙古族的传统歌舞表演，也记载了酒宴中南方民族的歌舞表演，更记载了从中亚外域传来的歌舞。萨都剌在《上京杂咏》一诗中写道："凉殿参差翡翠光，朱衣华帽宴亲王，红帘高卷香风起，十六天魔舞袖长。"这里所说的十六天魔舞就是从印度传入中亚，再传入西域，又传入草原的域外舞蹈，是元代非常著名的宫廷舞蹈。据《元史·顺帝本纪》载，表演者为宫女十六人，扮成菩萨像，头垂发辫，戴象牙冠，身披瓔珞，穿大红金销长短裙而舞。

到清朝时期的蒙古族，特别是晚清时的蒙古族，不仅以传统的民族歌舞来助酒兴，也引进中原地区的戏曲来助酒兴。其中以卓索图盟喀喇沁右翼旗亲王贡桑额尔布之父最为突出。他在亲王府中修建了剧场，引进北京的京剧班子来旗内演出，蒙古王公贵族们一边饮酒，一边看戏，并以效仿学唱为乐事。远没有《草原生活图》中描绘的清代中前期蒙古族聚会时赛马、摔跤、射箭，载歌载舞饮酒的豪迈气势，更没有成吉思汗时代举杯豪饮纵马搏杀的叱咤风云的气度。那时，边歌舞边饮酒表现的是一种民族的自信与豪迈，而晚清的饮酒与学唱京剧表现的却是一种柔弱萎靡的风气。就北方民族而言，酒与豪迈歌舞的结合是民族蒸蒸日上的表现，酒与文弱戏曲的结合表现的则是一种民族的衰败与颓废，在当时特定的历史条件下是一种消极的影响。

以上可以看出，酒作为一种兴奋剂推动了歌舞的创作与表演，是北方草原游牧民族在草原特殊环境中心理思维的外在发挥，成就了民族特有的喜好和性格，也构成了一种代代相传的草原歌舞文化。

15 洒在草原上的政经秀

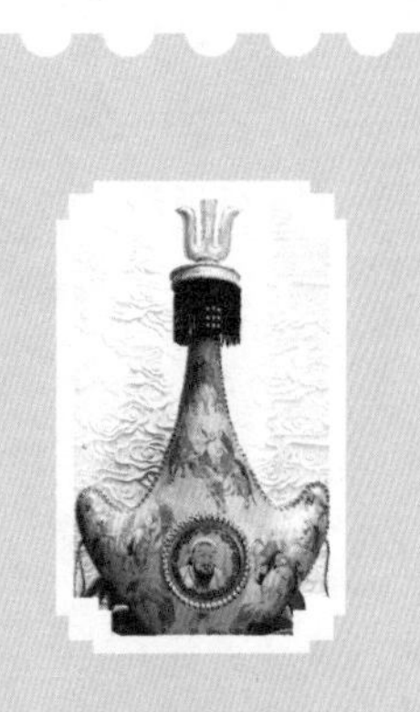

军事战争是古代北方游牧民族政治生活中的一个重要内容，军事战争从很早的时候起就与酒紧紧地联系在了一起。

酒在草原政治生活中，常常起到巩固政权和维系统治阶级内部团结的重要作用。这在以坦诚豪爽著称的蒙古族中尤为突出。据《多桑蒙古史》记载，贵由汗死后，大汗继承人选一直悬而未决，经多方争执，亲王大会决定推举拖雷之子蒙哥为汗。当时蒙哥四十三岁，被诸王奉为皇帝，“诸王皆解带置肩上，对之九拜，帝帐外战士万人亦随之而拜。蒙哥命是日人皆休业息争，宴乐终日，并使万物皆同其乐”。“次日，蒙哥在广帐中设大宴，诸王

等坐于右，诸妃主等坐于左，皇子七人立于前，诸将、诸那颜等分行而立……诸将卒列坐帐外，大宴七日。与宴之人每日各易一色之衣，每日供食者马牛三百头，羊五千头，供饮者酒湩两千车。”每日欢宴饮酒湩两千车，豪华程度令人惊奇，但也有力地增强蒙哥新政权的团结和向心力。比这更豪华的是元世祖忽必烈的酒宴，他经常在宫中宴请群臣，《多桑蒙古史》是这样记载的：“庆会之日，设大宴，帝坐于高台上之宝座，面向南。食案置宝座前，皇后坐于左，诸皇子及诸宗王列坐于右，台较低，其首高与帝之足平。其他食案依次低降，贵人及将帅就食之所也……皇帝每次举盏而饮之时，即作乐，诸人皆跪。殿中有方厨，刻饰甚丽，作种种兽形。内有一盆，盛葡萄酒满中，四周有四瓶较小，内盛马湩及其他饮料。以银制或镀金大盏盛诸种酒，列于桌上，每二人合饮一盏，各人有大勺一，取酒于盏中而饮。宴后命优人、幻人、技人入献于帝前。”其豪华与盛大程度不仅超过了蒙哥时代，这无疑增加了人们对忽必烈正统的向心力和威严之下的服从感。

军事战争是古代北方游牧民族政治生活中的一个重要内容，军事战争从很早的时候起就与酒紧紧地联系在了一起。战国时期的匈奴族争战频繁，匈奴单于则以酒奖励勇悍善战者，据《史记·匈奴列传》载："其战，斩首虏，赐一卮酒"，所赐虽轻，却是重要的荣誉奖品，为匈奴人视为骑士的最高荣耀。《辽史·穆宗纪》载："林牙萧干，郎君耶律贤适，讨乌古还，帝执其手，赐卮酒，授贤适左皮室详稳。"契丹人也是以酒来奖励军功，同样也被契丹勇士视为最大的荣耀。

到蒙元时期，以战神著称的成吉思汗和忽必烈汗，对作战有功者也要亲自把盏赐酒，这在蒙元史籍上记载较多。大汗在大型朝会或大型宴会上手持金杯亲自给作战有功的将领赐酒，这对以战争为职业的蒙古铁骑来说确实是一种难得的殊荣，以这种形式敬酒也确实起到了极大的振奋作用。这是酒与军事战争结合的一

种积极的形式，是庆祝胜利的手段，也是鼓励不断夺取胜利的手段，是对作战有功将士的奖赏，也是对无功将士的激励。

军事斗争是高智商的较量，三军统帅必须保持清醒的头脑，高超的智略，方能克敌制胜。所以，在大的军事行动之前，英明的统帅总是再三告诫自己的部下，要禁酒以有效地驾驭战争进程。著名的大军事家成吉思汗对饮酒无度的形为极为反对。《多桑蒙古史》中记载了他反对饮酒无节的札撒令，成吉思汗说："醉人聋瞽昏聩，不能直立，如首之被击者。所有学识艺能，毫无所用，所受者仅耻辱而已。君嗜酒则不能为大事，将嗜酒则不能统士卒，凡有此种嗜好者，莫不受其害。设人不能禁酒，务求每月仅醉三次，能醉一次更佳，不醉尤佳。"这是针对北方民族嗜酒的习俗

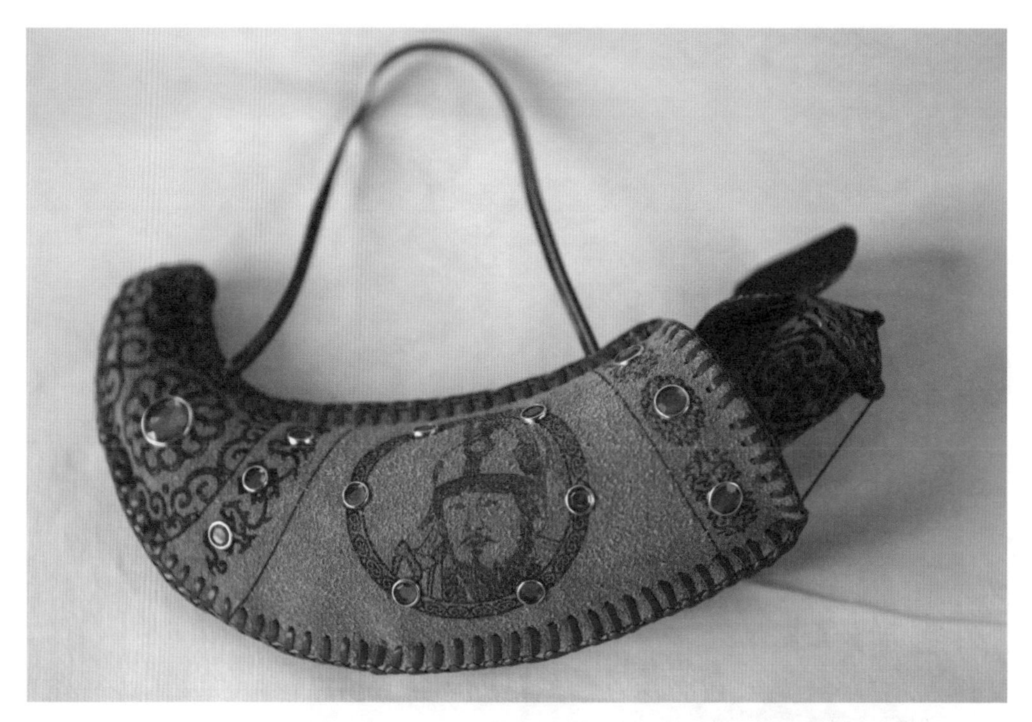

而发出的法令，这对成吉思汗有效的管理诸军将领起到了重要作用。元代著名政治家伯颜在大规模军事行动之前也有禁酒的训示，《元史·伯颜传》载：西部番王海都叛乱犯边，伯颜统兵征战，海都战败逃走。这时，元成宗以皇孙身份统军追击，伯颜回朝复命，成宗"举酒以饯曰：'公去，将何以教我？'伯颜举所酌酒曰：'可慎者，了惟此与女色耳。军中固当严纪律，而恩德不可偏废。冬夏营驻，循旧为便'。成宗悉从之"。这里把酗酒误事当作了军事斗争的第一大害，是以一个精明的军事家兼政治家对当时军队中的病端所提出的真知灼见。

在中国古代北方，酒与经济的关系，其一表现为酒禁，也不是禁止酿造酒。自原始社会末期酒类出现，到夏商春秋战国及两汉时期，中国北方草原酒禁的记载，可见在当时的东胡匈奴以及汉朝屯垦守边的汉族士兵中没有酒禁之令。北魏时期曾一度禁酒，

《魏书 · 刑法志》载：北魏文成帝太安四年始设酒禁，“是年谷屡登，士民多因酒至酗讼，或议主政。帝恶其若此，故一切禁之。酿、沽、饮者皆斩之，吉凶宾朋则开禁。”从这条记载可以看出北魏文成帝设酒禁的原因，主要是为安定社会秩序，其次才是节约粮食。在唐辽时期，北方草原也没有酒禁的记载，可见在当时的突厥、契丹及唐朝守边战士中没有禁酒之法。到蒙元时期，曾一度有过酒禁的记载，特别是元世祖忽必烈即位后，因农业生产凋敝，灾荒时有发生，故而为节约粮食而颁布禁酒诏令，其次数之多，居各朝之冠。如《元史 · 世祖本纪》载：至元十四年三月“以冬无雨雪，春泽未继，遣使问便民之事”。大臣对曰：“足食之道，

唯节浮费靡谷之多，无逾醪醴曲蘖，况自周汉以来，尝有明禁，祈赛神社费亦不赀，宜一切禁止，从之。五月癸巳，申严大都酒禁，犯者籍其家赀，散之贫民”。元初的这次禁酒令是为节约粮食而颁布的，在当时确实起到了很大的作用。明清以来，中国北方没有禁酒之法。

从上述可以看出，中国北方草原与中原相比，禁酒之令比较宽松，有的朝代虽有禁酒令，但执行的时间也很短。历朝历代之所以设酒禁，主要是因为酿酒需要大批的粮食，造成了严重的社会问题。据《中华酒文化》一书统计，汉代一年酿酒耗粮约六百万斛，折合粮食七亿二千万斤。唐代以后更加严重，耗粮到了惊人的程度。中国古代是个封建农业国，中国古代北方草原是个半农半牧的地区，所以，一遇汗涝灾年，粮食生产锐减，民不聊生，必须禁酒，否则饥民遍地，社会秩序必然无法安定，因此，酒禁令有着深刻的社会经济意义。

在中国古代北方，酒与经济的关系，其二表现为酒税，也就是由酿酒产生的国家财政收入。在原始社会晚期自酒类出现到秦汉时期，中国北方草原没有酒税的记载。北朝至唐辽金元时期，开始出现酒税记录。如辽代把酒税作为国家财政收入的来源之一，辽代五京都收酒税，头下州的酒税也要交纳上京。头下州本为辽代皇帝赐给皇族和功臣的分封地，其余各税都归头下州所有，唯酒税纳于上京，可见国家对酒税的重视。金代也把酒税作为国家财政收入的主要来源之一，据《金史·食货志》载：大定年产间中都“岁获三十六万一千五百贯，承安元年岁获四十五万一百三十三贯，西京大定间岁获钱五万三千四百六十七贯五百八十八文，承安年岁获钱十万七千八百九十三贯。”虽然只有中都（今北京市）与西京（今山西大同市）的酒税记录，没有更北方诸路府的酒税记载，但也可以看出其酒税收入是极为可观的。元代酒税更是国家财政的大宗收入之一，据《元史·食货志》载，全国每年酒税收入：腹里（今北京、河北、山东等地）五万六千二百四十三锭六十七两，辽阳行省二千二百五十锭十一两，甘肃行省二千零七十八锭三十五两。这里虽然没有北方草原地带的岭北行省和上都酒税的记载，但周边省府的酒税达到了如此高的金额，繁华无比的元上都其酒税数额也一定会十分巨大。

由此可以看出，酒税是历朝历代国家的重要财政来源，是社会各阶层喜用的饮品，是社会经济中生产与消费的一个重要环节。所以，酒不能禁绝，只能通过法律的或经济的手段来控制酒的酿造和饮用。

16 草原酒楼很讲究

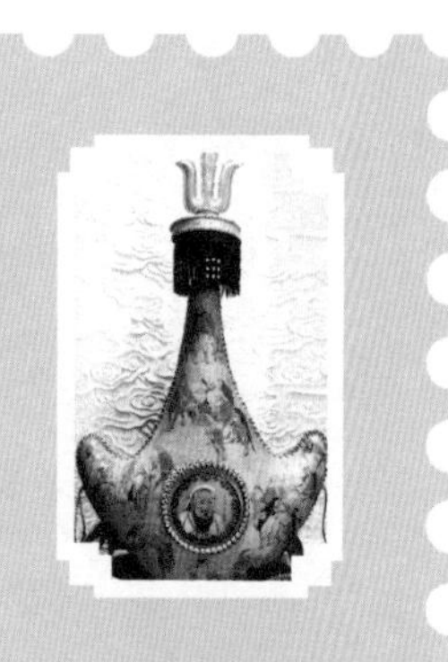

在辽代的上京城与中京城内，有许多酒楼坐落于居民区与商业区，这是北方草原酒楼发展的繁荣时期。

中国古代北方游牧民族饮酒一般有四个地点：一是在宫廷或府舍之中，二是在行族帐幕之中，三是在狩猎荒野之中，四是在酒肆酒楼之中。最具草原游牧特色的是在狩猎荒野中饮酒，最便捷的是在草原城镇酒楼中饮酒。上古时期草原无酒楼，自汉代后草原酒楼逐渐兴盛，且各具时代特色和民族风格。

西汉时期，汉王朝在阴山河套地区和西辽河平原地区设置了许多郡县，迁来大批民兵进行屯垦，使这里农业发达，酒业也很

发达。因此，较大的城镇中都有酿酒作坊，也必然有酒楼，这在历史文献上均有记载，在这些古城的出土文物上也有证明。其古城中出土了许多陶罐，从上面雕刻的人物图案和功能上看，除了官府衙署，就是酒肆酒楼。北朝到隋唐时期，北方草原也有许多较大的城镇，如北魏盛乐城、北魏阴山六镇、唐代受降城、唐代单于都护府和松漠都护府等。这些城镇都有大型酿酒作坊存在，只是历史文献很少记载，但在考古中却发现了许多酿酒作坊和储酒器具，足以证明酒肆酒楼的存在，这是商品发达及酒业发达的必然产物。

《事林广记》中的元代侍客图

在辽代的上京城与中京城内，有许多酒楼坐落于居民区与商业区，这是北方草原酒楼发展的繁荣时期。史载，辽中京当时分为八个坊，有上百条街道，酒肆林立于街坊之中，其中规模最大最负盛名当属“隆盛作坊”。它不但生产民用酒，还特产名贵的宫廷专用“御容酒”。这种酒绵甜可口，度数较高，被称为酒中珍品。除上京中京外，辽代一般州县城中都有酒店存在。最有意思的是，在内蒙古敖汉旗北三家子辽墓壁画中居然出现了酒店卖酒的内容。其场面是：一个人在前，一个人在后，再后为酒店房舍；前一人是酒店酒保，拉住后一人衣襟；后一人是饮酒者，似作百般解释，旁边墨书榜题上竟写着“此是刘三取钱”几字。简直就是一幅幽默的市井生活图，可见，辽代酿酒业的发达和由此而产生的商业性矛盾。

鲁布鲁克在他的纪录中说，哈剌和林的面积不过跟巴黎市郊

圣丹尼斯差不多。众侍者把一百〇五车的美酒拉到王宫里面，供大汗及宾客一夜狂欢。紧邻王宫的是大汗的领地，三重外墙重重围住，闲杂人等难窥堂奥。在外墙里面，鲁布鲁克发现了足可一观的奇景。帝王领地上，有人工擂平的小丘，上面盖着气派辉煌的殿宇。内部跟当时的教堂差不多，廊柱之间有宽敞的大厅。朝南三座大门，宾客可以择一进入。远远一端，则是帝王饮宴高台，宾客可以爬到上面，俯视宏伟的大厅。石制高台两侧有阶梯可供上下，大汗的座位上披着色彩斑斓的豹皮，庄严宏伟。右边坐的是他的孩子、兄弟，一排一排的座位渐渐高起，像是一个包厢；他们的正对面，也就是大汗的左边，也有相同高起的排座，坐的是他的嫔妃和宫女。大汗的王座前有两道阶梯，奴婢仆厮来回奔走，将一樽樽高脚杯盛的醇酒和佳肴美食，送往大汗跟前，亭台楼阁，酒池肉林，成了飨宴大厅。蒙古大汗保持草原游牧本色，只有在水草丰盛的时候，才会随着大队牛羊来哈剌和林放牧歇息，一年不过两次。苏联的考古队发现，饮宴楼阁规模很大，面积是一百六十五英尺乘以一百三十五英尺，地上铺了上釉的浅绿瓷砖，梁柱奠基的花岗岩石基也很讲究，还上了漆。

规模浩大的上都城内外，有许多大小不等的酒店酒楼，这在元代史籍中记载颇多，在元人的诗词中记述了他在上都酒店中饮酒的情景，诗中写道："李陵台西车簇簇，行人夜间滦河宿。滦河美酒斗十千，下马饮者不计钱。青旗遥遥出华表，满堂醉客俱年少。侑酒小女歌竹枝，衣上翠金光陆离。"诗中写了三种情景，一是行人都到上都酒店来住宿，其酒质甘美，所以不计价钱；二是酒店规模很大，酒旗飘飘，可见酒店名声很响；三是酒店中有陪酒的歌女，衣着华丽，而且是南国秀女，很有魅力，由此可见，上都酒楼酒店的繁华。元代不仅上都城有规模豪华的酒店，一般

的州、县城中也有许多酒店。1962年在元代集宁路古城发掘中，某一遗址上就曾发现了成批的黑釉酒瓶，竟达百余件之多，说明这是一个酒店的遗址。1985年在元代亦集乃路的古城发掘中，曾发现许多文书，其中一处遗址中发现的文书竟是饮酒者赊欠的账目，显然这也是一处酒店遗址。此类酒店遗址在赤峰、通辽乃至呼伦贝尔的元代古城中都有发现，可见元代酒楼酒肆的发达。

在清代北方草原的重要城镇中，都有酒楼酒店设立，其中最有名气是归化城。归化城坐落在阴山河套地区，自明代建城到清代中叶，已有二百年历史。其人口繁密，经济发达，商品交换频繁，是沟通中原、漠北、漠西的重要城市，所以，城中设立大小酒店达数十家之多。在这些小店中以月明楼最为著名，也是归化城中最大的酒楼。酒楼分上下两层，下层为大堂，招待普通食客，二层为雅间，有数十间之多。据《呼和浩特经济史》记载，月明楼一天可宴客千人之多，常年满客，生意兴隆。楼门前对联也写得大气飞扬，其内容是："味压塞北三千里，名震江南十二楼"。酒店不仅规模大，而且档次高，是塞北的名楼，所以，敢和江南著名酒楼“黄鹤楼”“岳阳楼”“滕王阁”等并肩比美。

一般说来档次较高，规模较大的称之为酒楼；规模较小，条件较差地称之为酒店或酒肆。酒店与酒肆的招牌称之为酒旗或酒帘，有木质的，也有布质的，很有文化韵味。在内蒙古草原上酒楼与酒肆的出现，是以城市的建立，商品交换的发展，饮食业的繁荣为前提的。在新石器时代至春秋战国时期，草原城市很少，商品交易也不发展，所以没有酒楼和酒肆的出现。秦汉至隋唐时期内蒙古的阴山河套和西辽河地区建立了许多城市，商品交换也日益发达，所以酒楼开始出现并繁荣，但多数酒店为汉族所经营。到辽金西夏至元明清时期，内蒙古草原城市空前发展，商品交换日益活跃，所以酒楼也一代代兴盛起来，而且经营者有汉族，更多的是北方民族，因此，也形成了极具北方民族风格的酒肆酒楼，成为市井文化中的一道引人注目的风景线。

17
坦诚简约的酒风酒俗

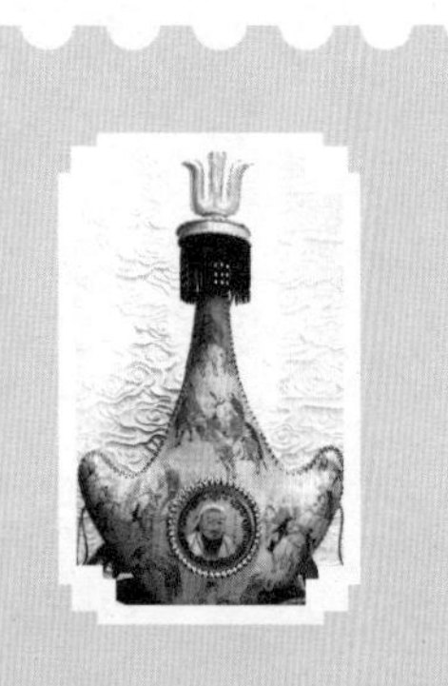

中国古代北方游牧民族的酒风酒俗，体现的是豪放、坦诚、简约的民族性格，这是草原酒风酒俗最大的特征。

酒器和酒具，是酒文化的重要内容。有些酒风酒俗体现在酒器酒具上，是有实物载体的风尚文化。更多的酒风酒俗，没有实物载体可以体现，是一种无形的风尚文化。无论是有实物载体的酒风酒俗，或是没有实物载体的酒风酒俗，都具有很强的时代性、地域性、承传性和兼容性，是一个包含内容极其广泛和深刻的民俗研究内容。

中国古代北方游牧民族在漫长的发展历程中，形成了独具特色的酒风酒俗，影响到社会生活的各个领域。其一，酒风酒俗可以直接影响军国大事，与草原王朝的政治、军事、经济都有着密切的联系。善于用酒，可以兴国兴民，反之会祸国殃民。其二，

酒风酒俗体现了一种草原社会的风俗礼仪，是一种精神和道德的约束标尺，上层统治阶级以之形成礼仪制度，民间百姓以之维系一种社会生活秩序。其三，酒风酒俗可以有力地发挥酒的兴奋作用，刺激了人们想象力的产生和发挥，这对文化艺术创作有很大益处，使歌舞词诗更具豪迈的草原艺术风格。其四，酒风酒俗亦有良莠之分，好的酒风酒俗引导人们适度饮酒，会产生各种益处，不良的酒风酒俗刺激人们狂饮无度，小则伤身害已，大则亡国灭族。

特别值得注意的是酒风酒俗的承传性和兼容性。古代北方草原的酒风酒俗，数千年来一脉相承，如以射箭摔跤赌酒，从战国匈奴到明清蒙古一直沿用，这就是所说的传承性。古代北方草原的酒风酒俗影响了中原汉民族，中原汉族的酒风酒俗反过来也影响了北方游牧民族，如以围棋和骰子赌酒，从唐辽至明清，南北通用全无差别，这就是酒风酒俗的兼容性，也是民族文化交流整合的一种形式。

中国古代北方游牧民族的酒风酒俗，体现的是豪放、坦诚、简约的民族性格，这是草原酒风酒俗最大的特征。这种酒风酒俗和民族性的产生，与北方草原的自然环境和草原民族的经济形态有着千丝万缕的联系。草原的广阔推动了民族豪放性格的形成，游牧的经济形态培养了民族坚忍不拔的精神，迁徙的游牧生活产生了人际关系间真诚亲切的情感，这些都是草原酒风酒俗形成的社会物质基础和精神基础。

在中国古代北方草原的历史中，酒

与草原王朝在政治、军事、经济上都有着密切的关联。甚至可以说，善于用酒，会使一个王朝兴盛，民族繁荣；反之，会使一个王朝没落，民族衰败。这方面的警例屡屡见于北方草原史籍。

在中国古代北方草原，自具有国家性质的部落联盟出现，酒便与政治结合到一起。在距今五六千年前的原始社会末期，部落之间的战争与联盟经常发生，酒作为沟通感情和相互信任的纽带就越来越体现出它的重要作用。部落联盟时同饮盟誓酒，是最重要的举动，有时为表示相互信任，要共饮一杯酒，或共饮通连双杯酒，所以，才会有红山文化晚期红陶双颈酒壶的出现。从距今四千年到一百年前的奴隶社会与封建社会，草原上争战不已，民族交替频繁，民族间的联盟是经常发生的事情，所以，也要用酒来表现相互间的真诚与信任，要共饮一杯酒或同饮连杯酒，因此，才会有战国时期东胡族青铜双连罐的出现和蒙元时期牛角结盟杯的出现。以致后来，元人王恽总结说："国朝大事，曰征伐，曰搜狩，曰宴飨，三者而已"。"虽矢庙谟，定国论，亦在于樽俎餍饮之际。"他把当时的国政分为三大块：一是战争，二是打猎，三是酒宴。即便重大国事，也要在酒席宴上决定，由此可见，酒在草原政治活动中的作用。

酒在古代草原政治生活中，善于使用者尽得其利，不善使用者尽受其害。酒在夺取一个政权和推翻一个政权中曾多次扮演过重要角色。《新五代史·契丹传》记载了这样一个事例：辽太祖耶律阿保机在开创大辽王朝的过程中，需要用皇权制代替选举制，以使契丹族建立一个强大统一的国家。受到了旧势力的百般抵抗，他们坚持要实行传统的选举制度，逼迫阿保机交出军政大权。就在阿保机任部落联盟长的第九年（公元 915 年），七部酋长乘其出征黄头室韦归来之机，遮道劫持，强迫他退位。阿保机被迫交出天子旗鼓。但他向诸部酋长提出："吾立九年，所得汉人多矣，吾欲自为一部，以治汉城。"众酋长答应了他的要求。汉城在炭山东南滦河上，有盐铁之利，又可种植谷物。阿保机不仅率众在此耕种，而且采用中原的封建制度统治汉人，使汉人得以安生，不复思归，促进了生产的发展，实力日趋增强。第二年，阿保机用其妻述律氏的计策，声称诸部都吃盐池之盐，但不知道盐是有主人的，应该拿酒肉来感谢他。因此，邀请七部酋长到盐池宴饮，当酒酣之际，四周伏兵一跃而起，尽杀诸酋长。在给诸部保守势力以毁灭性打击后，阿保机登上皇位，开创大辽王朝。耶律阿保机善于用酒，以政治计谋扫平了抵抗新生政权的旧势力，而代表旧势力的七部酋长，却成了酒的牺牲品。

18 尚武智慧的饮酒令

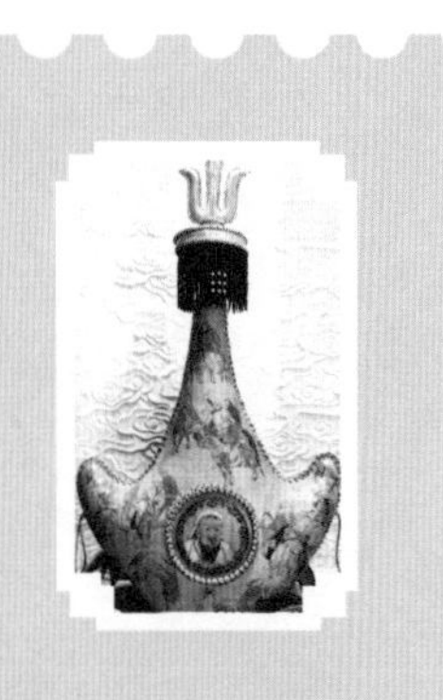

中国古代北方草原游牧民族的行酒令，样式繁多，风采独具。

中国古代北方草原游牧民族自饮酒之日起便产生了酒令。由最初的简朴易行，到后来的花样翻新，逐渐复杂，既可以增加情趣，又有助于饮酒的氛围，是草原酒文化的一种特殊表现形式，很有民族勇武和智慧的特色。草原酒令从远古到清代约有数十种之多，下面略举几例：

射箭是北方游牧民族最早使用的赌赛酒令之一。从东胡、匈奴时期就以射技决定饮酒的数量，经乌桓、鲜卑到契丹时形成了比较完备的射箭赌赛酒令。据史料记载，契丹人赌赛饮

酒时有两种风俗。一为射木兔，一为射柳，这是契丹族特有的风俗。射木兔是以木头刻成兔子形状作为目标射的，分两班走马射之。先射中者为胜，负者要下马跪着向胜者敬献美酒，胜者在马上接杯一饮而尽。射柳也是如此，在远处悬挂柳树枝，驰马张弓急射，射断柳枝并飞马接住断枝者为上，射断柳枝接不住者次之，射不中者为负，则没有资格喝酒。据史籍文献和考古发掘看，契丹人赌赛酒时所用的箭支，或为平头箭或为叉式箭，这是契丹人赌赛饮酒的特用弓箭。这里射木兔与射柳都是以射中者有资格喝酒，具有奖励武功射术的意义，是一种极富进取精神的赌酒令，一般在大型宴会上使用，很有民族特色，以至影响到后来的女真族与蒙古族。

投壶也是较早使用的赌赛酒令。它是由射箭演变而来，简单易行不需较大场地。投壶是设立一个铜壶，饮酒人轮流向壶内投箸矢。投壶一般为铜质，呈长劲壶状。以拓木为箸矢，一头尖如刺，一头平齐。矢的长短分两种，根据投壶的场地大小而选用，一般室内投壶用的矢长二尺，室外的稍长一些。比赛时每人持六支或十二支矢，在同等距离向壶中投掷，以投入壶中数量的多少决定

胜负，负者要饮酒。投壶赌酒在春秋时已流行于中原地区，在北方草原地区于战国时开始流行，出土于鄂尔多斯高原的匈奴舞人青铜壶即为投壶，在元上都的考古发掘中也曾发现元代铜投壶，说明从战国到元明清时期投壶赌酒在北方草原一直流传。北方诸民族以投壶赌酒，较之以弓箭射术赌酒，显然是缺少了强悍的尚武精神，所以，它不如射箭赌酒那样普遍，只是在上层贵族中经常使用。

酒胡令是最具北方游牧风格的一种赌赛酒令。酒胡就是用木质或其他质地的材料雕成胡人偶像，上端为胡人头模样，中间宽平，下端较尖锐，状如陀螺。其使用的方法是：饮酒行令时将酒胡放置一瓷盘中，双手拨动使之旋转，停后所倒向的方位指向何人，即由此人饮酒。酒胡令兴盛于唐代，不仅风靡蒙古草原，而且风靡中原地区，是唐朝流行的主要酒令之一。酒胡令之所以做成胡人头模样，是因为当时有较多的西域胡人，先来草原继入中原开设酒店的缘故。唐代诗人元稹诗云：“遣闷多凭酒，公心只迎胡。挺身惟直指，无意独欺愚。”唐人卢注在《酒胡子》诗中描绘“酒胡”的形象是：“鼻何尖，眼何碧，仪形本非天地力，雕镌匠意多端，翠帽朱衫巧妆饰。”可见酒胡的原型是高鼻深目的胡人无疑。酒胡一般为木质，在内蒙古敖汉旗出土的突厥银酒壶，上有胡人头像，应是酒胡子形象。

赛棋赌酒是北方游牧民族中很流行的一种赌酒令。约在春秋战国时，棋类赌酒在北方各民族中就已渐渐兴起，当时还很原始，很不完善。经秦汉及北朝时期的发展，到辽金元时期，棋类走法规则开始健全，并成为一种广为流行的赌酒工具，有鹿棋、连棋、围棋、蒙古象棋，等等，其中以鹿棋、蒙古象棋最具特色。在辽代墓中曾多次发现鹿棋和蒙古象棋的棋子，也可以看出这是蒙古族常用的消遣娱乐器具和赌赛饮酒的工具。据元代史书记载，元代著名大政治家耶律楚材即为棋中高手，常同别人赛棋赌酒，并经常为胜者，成为一时佳话。经明清至今蒙古象棋在蒙古族中广为流传，仍是草原上赌赛饮酒的工具之一。

元代酒楼唱曲表演

骰子令是中国古代通行的酒令之一。在中原地区，早在两千年前的汉代就开始流行，西汉中山靖王刘胜之妻窦绾墓中出土的铜骰，即是当时流行的酒令。在内蒙古地区发现了许多元代的骰子令，如包头元代净州路古城内、乌兰察布市集宁路古城内都出土了一些骰子，其为骨质，十分精巧，并且磨损很严重，可见是在酒场或赌场经常使用之物。以骰子令赌酒的方法是：将骰子放在瓷钵中摇动，然后拍落案上，以出点数的多少为输赢，这是最基本的方法。还有其他许多复杂的方法。以骰子作为饮酒行令的工具，简单快捷，带有很大的偶然性，不需要什么技巧就能轻轻松松的活跃酒场气氛，因此，古人多喜欢在宴会上使用。

歌舞酒令也是北方各民族喜用的酒令之一。自古以来，北方各民族就能歌善舞，并以歌舞赌酒，其形式是：饮酒人在席上轮流唱歌，歌唱者不饮酒，听歌者饮酒，以示敬谢之意；如有不善歌舞者，只有自饮杯中之酒，以示谢罪之意。以歌舞赌酒，自古代的东胡、匈奴开始，经乌桓、鲜卑、突厥到契丹、女真、蒙古一直如此，成为最有特色的北方酒文化内容之一。如《旧唐书·突厥传》说：突厥人饮酒“歌呼相对”，这就是一种以歌舞赌酒的形式。以歌舞行酒令在蒙古族中保留得最为完整，是前代北方各民族歌舞行酒令的集大成者。其有关酒歌就达数十首之多，感情真挚，充满民族色彩，不仅歌唱者神情振奋，也让聆听者陶醉其中。

中国古代北方草原游牧民族的行酒令，样式繁多，风采独具，一般说来可分为二大类：一类是尚武精神的酒令，如射箭、摔跤，等等；一类是较量智慧的酒令，如赛棋、对歌，等等，这对陶冶民族性情，锻炼勇力与智慧，以及鼓励进取精神都具有积极的意义。

19

讲究众多的饮酒礼

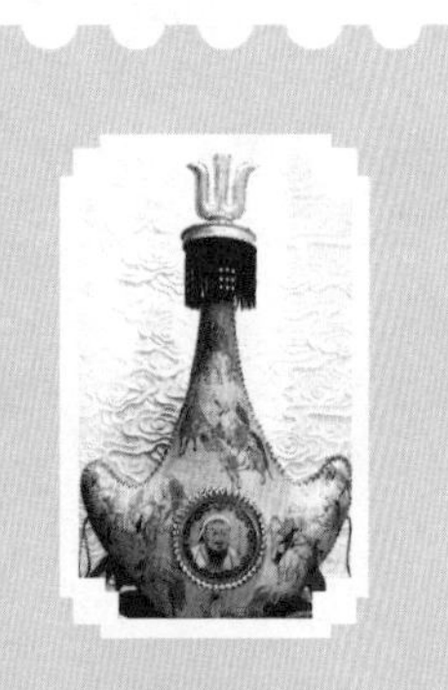

蒙古族接待客人讲究礼节，欢迎、欢送、献歌、献全羊或羊背等都按礼仪程序进行，程序中都要敬酒或吟诵。

蒙古族喝酒十分讲究礼俗。身着整洁民族服装的蒙古族姑娘，手捧洁白的哈达和银碗，把圣洁的美酒和甜蜜的歌声同时献给每一位客人。客人或本民族之间的亲朋好友双手接到敬酒时，要用左手端着酒杯，用右手无名指先到酒盅里蘸一点酒，向天弹一下；再蘸一点酒，向地弹一下；最后蘸一点酒涂在自己的脑门上，表示敬天、敬地、敬人和对佛、法、僧三宝的祈祷。饮酒时，蒙古族人最喜欢客人一饮而尽。当宾主双方进入开怀畅饮之后，耳热心酣，言畅意激，知心话说不完，友情道不尽。逢遇蒙古族人生儿育女、婚嫁大事，那种气氛，那种热情，会让人不饮而醉。祝福酒、洗尘酒、下马酒、上马酒……当宾主沉浸在微酣的惬意里，一支支饱含着深情，嘹亮的、撼动人心的祝福歌，便在人们耳边

回响。与此同时，蒙古族人还要端着酒杯，双手齐额向客人敬献他们的纯朴与真诚。身临其境，就是不想饮酒的人，也会愉快地干一杯。试想，在宽阔的草原，在宁静的夜晚，在蒙古包内或空气清新的草地上，姑娘们歌声相伴，银碗哈达交相辉映，是何等的情调。

蒙古族有客来必热情款待，宴饮必备各种酒。主人和客人必须畅饮，他们认为，“客醉，则与我一心无异也”。来客后，不分主客，谁的辈分最高，谁坐在上席位置。客人不走，家中年轻媳妇不能休息，要在旁听候家长召唤，随时斟酒、添菜、续菜。

蒙古族接待客人讲究礼节，欢迎、欢送、献歌、献全羊或羊背等都按礼仪程序进行，程序中都要敬酒或吟诵。一般敬酒礼仪如下：敬酒者身着蒙古族服装，站到主人和主宾的对面，双手捧起哈达，左手端起斟满酒的银碗走近主宾，低头、弯腰、双手举过头顶、示意敬酒；主宾接过银碗，退回原位；主宾不能饮酒的，要再唱劝酒歌或微笑表示谢意；主宾饮酒毕，敬酒者用敬酒时的动作接过银碗，表示谢意；向主宾敬酒完毕，按顺时针方向为下一位客人敬酒或按主人示意进行。

对尊贵的客人用“德吉拉”礼节：主人手持一瓶酒，酒瓶上糊酥油，先由上座客人用右手指蘸瓶口上的酥油抹在自己额头，

客人再依次抹完，然后，主人斟酒敬客，客人要一边饮酒，一边说吉祥话，或唱酒歌。

待客时主人经常要唱敬酒歌敬酒，唱一支歌客人要喝一杯酒。蒙古族人认为让客人酒喝的足足的，才觉得自己心意尽到了，所以，主人家从老到少轮流向客人敬酒，客人不喝下去，主人就要一直唱下去，直到客人喝下为止。

蒙古族过小年时祭火，在灶前摆酒等供品，点一堆柴草，把黄油、白酒、牛羊肉等投入火堆表示祭祀，过年时要专摆酒肉祭祖。

蒙古族农历八月举行马奶节，开幕时主持人首先向天地敬献马奶酒和礼品。赛马之后，众人向骑手们欢呼，敬献马奶酒。

蒙古族婚礼时，至少举行三次宴会，婚礼主要在女方家举行。喜日的前一天，新郎与伴郎、主婚人、亲友、歌手等一帮人到女方家。女方家邀请自己家的亲友来参加“求名宴”；晚间女方家又设新娘离家前的“告别宴”，新郎、新娘、嫂子和姑娘们坐一

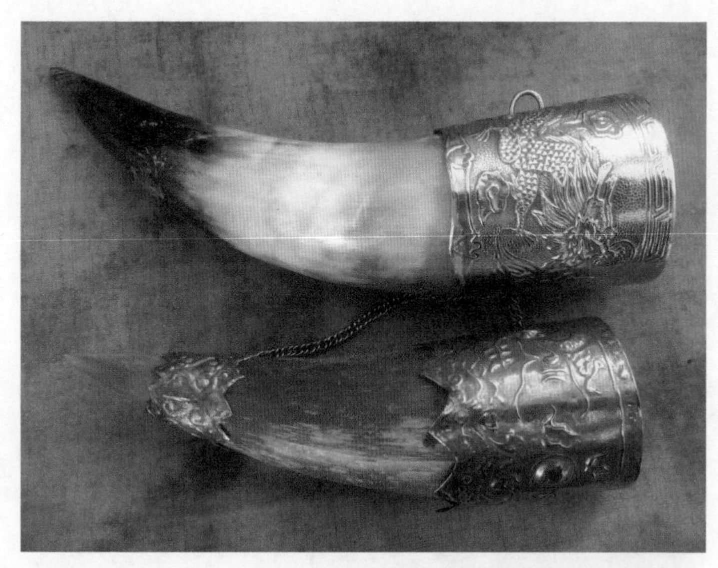

席；到次日早晨，婚礼结束，宾客准备告辞，娘家在门口备酒席一桌，给每位客人敬“上马酒”三杯，客人干杯后方可启程。

蒙古族人在结交知己朋友时，双方要共饮“结盟杯”酒，用装饰有彩绸的精美牛角嵌银杯，交臂把盏，一饮而尽，永结友好。

蒙古族人无论狩猎回来，还是放牧休息，牧民们燃起篝火，烧烤猎肉，和着悠扬的马头琴，举杯饮酒，豪歌劲舞。著名的蒙古族《盅碗舞》多是在宴席之上酒酣兴浓之际由舞者即兴表演。舞者双手各捏一对酒盅，头顶一碗或数碗，舞蹈时头不摇，颈不晃，双手击打酒盅，甩腕挥臂，旋转舞蹈，刚柔相济，舒展流畅。

蒙古族人敬酒有讲究。蒙古族人的敬酒方式跟汉族和其他民族有很大不同。他们敬客人酒，不讲什么客套话。而且，地域不同敬酒的方式也不同，有些地区的蒙古族人，是先敬酒，待客人喝完之后，主人伴以劝酒歌再来敬客人，而有些地区的蒙古族人则是先唱歌后敬酒，然后是边唱边敬。

不同的地域有不同的特色。一般而言，在内蒙古西部地区的敬酒都是三杯。第一杯、第二杯抿一下就可以了，第三杯才是要喝的。

歌声不断酒不断
20

当远方的客人来临，他们首先会在敖包或毡房中敬酒接风。

酒歌是在饮酒时所唱的歌。在草原上，可以说有酒的地方就有歌声，所以，内蒙古也就有了“歌的海洋，酒的故乡”之美誉。在蒙古族的迎宾礼节中有这样一种说法——歌声不断酒不断，所以，在长期的生活中积淀了很多经典的酒歌，如鄂尔多斯酒歌《浓烈的白酒》、锡林郭勒南部察哈尔短调酒歌《阿素如》、锡林郭勒乌珠穆沁酒歌《思情曲》、科尔沁酒歌《西杭盖》、呼伦贝尔布里亚特酒歌《明亮的太阳》、阿拉善酒歌《八只狮子》等。酒歌作为一种情感的载体，在不同场合、时间，所表达的情感和意

义也不同。

敬酒歌是主人对宾客表示欢迎和敬意的歌曲。在草原上，每当家中有从远方来的宾客，主人都会表现出热烈的欢迎之情和由衷的敬意。为此，都会举行一个特殊的仪式——敬献下马酒。

为迎接远道而来的客人，主人会提前在蒙古包前恭候，当客人到达蒙古包前翩然下马（车），主人就会手捧哈达敬献马奶酒，唱敬酒歌，用歌声和美酒表达草原人的盛情，此为下马酒。

蒙古族这种独特而富有情感的迎宾方式，使人深深地感受到下马酒不仅仅是为了让客人喝一杯酒、听一首歌，更重要的是通过这种独特的形式加深主宾间的情感，拉近人与人之间的距离，使人感受到亲情、友情带来的博大力量和温暖，感受到草原人的真挚情谊。

当宴席开始时，主人会把主宾安排在正席上，举行正式的敬酒仪式，唱敬酒歌。

敬酒仪式是蒙古族最隆重的待客礼节。主人双手捧起哈达，左手托起银碗（传统上应该是镶银的黄杨木碗），斟满酒，先用蒙古语吟诵一段赞美词和感谢苍天、大地、祖先的祝词，然后再表达对尊贵客人的欢迎和敬意，接着就唱起敬酒歌。“银杯里斟满了醇香的奶酒，赛罗日外东赛，朋友们欢聚一堂尽情干一杯，赛罗日外东赛……”这是最常听到的一首流传在鄂尔多斯地区的敬酒歌，节奏欢快，给人愉快兴奋的感觉。

当歌声快要结束的时候，主人会弯腰把银碗捧起过头敬献至客人的面前，客人用双手接过盛满酒的银碗，待歌声结束，用自己的左手端银碗，先用右手无名指蘸酒弹向天空，表示“敬天”，然后再用右手无名指蘸酒弹向地面，表示“敬地”，第三次用右手无名指蘸酒向前方平弹，表示“敬祖先”（也有的地方习惯是：如果是晚辈敬长辈酒，长辈会蘸酒点一下敬酒者的额头再点一下自己的额头，表示祝福和感谢之意），做完这一系列动作，客人将酒一饮而尽，表示对主人的谢意和尊敬，这时，敬酒者将哈达敬献给客人，意味着圣洁的友谊和吉祥的祝福，至此，宴席正式开始。

在蒙古族人心目中，酒是表达情谊和待客的最佳物品，他们认为只有让客人喝好才不算失礼，于是，也就有了“有酒没菜，不算慢待”的俗语。有时，会有客人不胜酒力而不愿喝，这时真正的敬酒歌才开始，说是敬酒歌，确切地说应该叫劝酒歌。

在宴席中，主人为让客人喝好会进行劝酒，一边敬酒一边唱歌，例如：“美酒倒进金银杯，酒到面前你莫推，酒虽不好人情浓，远来的朋友干一杯”“舒心的酒啊，千杯不醉；知心的话儿，万句不多”“草原的酒草原的歌，酒歌好像一团火”……正如前文所说“歌声不断酒不断”，在这样的热烈氛围里，即使不能喝酒，也会被感染打动，实在找不到不能喝酒的理由。

劝酒歌的内容也会因客人的性别、身份、年龄的不同而不同，有时也会有感而发，即兴演唱。当然，不是所有的歌曲都是为了敬酒而创作，很多歌曲只是在适当时候，出现在了喝酒、敬酒的场合，而成了敬酒歌。在众多的劝酒歌中，大致可分为唱给长辈、唱给年轻人、唱给远道而来尊贵的客人的几种。

每当酒过三巡，歌正兴、酒正酣时，每个人的情绪都被歌声和美酒点燃，这时也会有人来拼酒，蒙古族的拼酒非常艺术化，也是通过唱歌来决定胜负，这样的歌也叫酒令歌或猜拳歌。如《酒拳曲》（巴彦淖尔民歌）等。

如果说“金杯”“银杯”里的奶酒醇香、醉人，哈达象征纯洁友善的感情，那么，祝酒歌表达的是美好的心愿，祝酒词则是对亲朋好友工作与生活的祝福。

在草原上流行着的劝酒民歌，有四句的，有两句的，有单人唱的，有男女双方对唱的，形式多种多样。例如：“烧酒本是五谷水，喝到甚时候也喝不醉。”“阳春三月桃花花开，端起酒盅盅迎客来。”“一盘盘豆芽芽一盅盅酒，情义都在酒里头。”这种充满激情的歌数不胜数。歌词内容有叙友情道珍重的，有庆胜利论成功的，有祭天地祭祖宗的，有贺喜祝颂的。蒙古族人的每一杯酒里，都饱含着滚烫的、热爱生活的心。

蒙古族人全然是用一边唱歌、一边敬酒的即兴表演的方式，来表达对尊贵客人的诚挚、淳朴的感情。当远方的客人来临，他们首先会在敖包或毡房中敬酒接风。这时，会有三五位蒙古族姑娘和歌手恭恭敬敬地站在你面前，唱起优美动听的蒙古族民歌。一曲唱罢，她们就把手上放着酒杯的托盘，高高地举过头顶，半屈膝地献给客人满杯的美酒，然后，又不停地唱着歌儿，直到客人把酒喝干。歌声甜润、嘹亮，歌词充满了尊敬、祝福、吉祥的意思。让客人情不自禁地躬身接过酒杯，即使客人平时很少沾酒，这时也会毫不犹豫地一饮而尽。蒙古族人这种以歌敬酒的方式，在宾朋酬酢中几乎是无处不有。他们迎接贵客时要唱歌劝饮“下马酒”，送客人上路时要唱歌劝饮“上马酒”。尽管许多歌词你听不懂，但你完全能体会到主人的深情厚谊。至于蒙古族人举行婚庆或节日喜庆时，那更是个个豪饮，人人善歌。在歌中碰杯，在酒中赛歌，淋漓尽致地表现了蒙古族酒文化的魅力。

蒙古族的敬酒歌有大家耳熟能详的成品歌，这类歌曲数量很大，它们在草原上经久传唱，妇孺皆知。还有一类是歌手即兴歌唱的。蒙古族人认为歌声和骏马是他们的两只翅膀，因此，他们都有歌唱的天赋。而且，蒙古族人把引吭高歌和开怀畅饮当成幸福生活的象征，所以，他们要用这种唱歌敬酒的方式来款待客人，以表示他们对客人最诚挚的友谊。

众所周知，草原的辽阔赋予蒙古族人豪放勇敢的性格，他们喜欢饮酒，能骑善射、能歌善舞。草原上有这样一种说法：无酒不成席、无酒不成礼、无酒不成俗。酒可以给人们带来热烈、隆重的气氛，也可拉近人与人之间的距离而带来欢乐，通过歌声与美酒深深表达着蒙古族人对宾客的尊敬和深情厚谊。因此，蒙古族人向客人敬献醇香的美酒、献上祝福的歌声，被当作是一种增进友谊的方式。

21

吉祥满满的祝酒歌

蒙古族的酒文化中，酒和歌总是相伴的。美酒和歌声是草原人款待客人的最高礼节。

在很早以前，草原的四季温差较大，为了驱寒热身，人们在吃饭时饮酒，成了必不可少的一个需求，当时，牧区生活内容比较单调，平时聚会较少，所以，每次饮酒，都要边饮边唱，以此助兴、消磨时间。渐渐地，人们的生活内容开始丰富，生活节奏加快，饮酒的习俗也在发生变化，而与酒有关的歌曲也应运而生。不同的地域风光、人文景观、民情风俗、劳动追求皆为酒歌的创作提供了丰富源泉。

蒙古族酒歌种类较多，内容、形式多样，歌唱情绪随着旋律或悠扬或激昂的变化而变化，因此，蒙古族酒歌具有丰富而独特、

动听且感人的特点。蒙古族游牧酒文化的传统始终长盛不衰，一直延续至今。在近现代搜集的大量蒙古宴歌中，肯定有一部分蒙元时期传承下来的作品，只是由于没有文字记录作根据，其间又经过五六百年的演变，很难准确识别。在这种历史积淀的混沌中，唯有蒙古民俗学的奠基人罗布桑却丹在《蒙古风俗鉴》一书中收录并明确指出蒙元以前的两首宴歌和蒙元时期的两首宴歌，这自然十分珍贵。

罗布桑却丹在记述这几首宴歌时写道："远古时代流传下来的训谕性质的词句，也是酒宴上的吉祥语，酒宴前唱上几段才开始饮酒"。"元朝以前，蒙古各部对于吉祥语、祝福语很重视。成吉思汗时代之歌，多数都是颂扬军威和皇帝之福的。"这些论述虽然很简要，但仔细推敲，颇符史实。所谓吉祥语、祝福语，也就是祝词，早期的祝词和祭祀萨满教信奉的诸神联系在一起，充满迷信色彩，后来逐渐世俗化、生活化，直接用于种种善良意愿的表达，掺入了谚语、格言的成分，具有了训谕的性质。正如《卡尔梅克文学史》论述蒙古古代的"仪式诗、民歌、格言诗"时所说的那样："这一类与传统大相径庭的，蒙古学者称之曰：'伊赫·毕力格·德伯里勒·乌格'"，即"智慧吉祥语"。这种"智慧吉祥语"与罗布桑却丹所说的酒宴上唱的"训谕性质的""吉祥语、祝福语"，实际是一种东西。至于对蒙元时期宴歌内容"多数都是颂扬军威和皇帝之福的"概括，从元代文人的宫廷宴飨诗

歌和其他种类的民歌所表现的时代的突出的大元帝国精神推断，显然也是衷恳的言辞。

在草原上人们一边敬酒一边唱歌：

“请您干一杯，再干一杯！祝愿您幸福，祝愿您长寿。”

等客人开怀畅饮时，主人的祝酒歌才作罢。这时，主客心情舒畅，伴随着歌舞，主客们又会翩翩起舞。主人又会唱起。

蒙古族的酒文化中，酒和歌总是相伴的。美酒和歌声是草原人款待客人的最高礼节。婉转的歌声融入酒香，让人心旷神怡；醇香的美酒融入深情的歌声，让人开怀畅饮。在歌声中举杯，在饮酒中欢唱，淋漓尽致地展现了蒙古族酒文化的魅力。

蒙古族在酒席上唱的祝酒歌数不胜数。《金杯银杯》激越优美、热情洋溢、节奏欢快。《银杯》展现了蒙古族高雅的礼节和深情厚谊。《宴会歌》表达了举杯同庆的心愿，让人们陶醉在成功的喜悦中。《请喝一杯马奶酒》既反映了草原人的真诚，又赞美了家乡的吉祥圣洁。这些歌，给人愉悦、舒畅的感觉。一首首优美的祝酒歌，让人们沉浸在歌声中，即使不饮酒也会被歌声陶醉。

蒙古人对长辈和客人极为尊重和热情，所以，当长辈和客人上马、下马、进门、迎接、送别时，都要敬酒，有时还要唱上一段精彩的敬酒歌。例如，送客人上马时，要敬上一杯马镫酒，祝愿客人喝了酒后腿上有劲，一路顺风。

蒙古人在敬酒时，也常有“借花献佛”的习俗。例如，当主人敬给客人一杯酒时，客人也可以借主人的酒，敬给其他人，以表达尊敬和友好的感情。蒙古人去作客或是看望老人时，从不空手，往往都要带上酒或其他礼品。

蒙古族人千百年来生活在草青水秀、群山环抱的大草原上，放牧牛羊，逐水草而居。在那空旷、壮美的深山林野中；在寂寞、孤独的放牧生活里，他们常常引吭高歌，赞美草原，赞美家乡，排解寂寞，宣泄情感；在马背上，在毡房中，你唱我和，创作了一首首充满民族风情的蒙古民歌。“蓝蓝的天上白云飘，白云下面马儿跑”这一类情深意长的蒙古族民歌早已传遍草原。

蒙古族人生活中不能

没有酒，也不能没有歌。更值得一说的是蒙古族牧民几乎家家都会酿酒，当然，健壮、豪爽的蒙古族男同胞大多擅长品酒。如果你去草原旅游，到蒙古族同胞的毡房做客，若能带上几瓶好酒去，主人一定会更加高兴地为你唱几首赞颂友谊的歌儿。

故事链接：

牛奶酒

蒙古酒是蒙古族人的主要饮料之一，除了马奶酒之外，草原上最常见的蒙古酒也有从牛奶中提炼而成，故称“牛奶酒”。蒙古酒绵厚醇香，无色透明，少饮延年健体、活血补气，男女老幼皆可饮之。除了“马奶酒”“草原白”酒之外，笔者还曾经在草原上听说过有一种酒叫作“闷倒牛”，关于此酒还有一段趣闻。传说公元1219年，成吉思汗亲自带领草原铁骑西征，征服了强大的花剌子模国（现在的乌兹别克斯坦一带）后，设宴犒劳有功将士。开宴时，大汗对众将士说：“我说过踏平了撒马尔罕（花剌子模国的首都），请你们喝好酒，上酒——”话音刚落，正妻孛儿贴夫人便命人将自己亲手在内地草原酿造的一坛老酒抬到将士们面前，大家齐呼万岁。当刚打开御封盖后，一股醉人的香气扑面而来，将士们齐呼，“好酒——好酒——”酒香飘出蒙古包大帐，飘向草原。这时一群牛正从帐前经过，闻到扑鼻的香气，个个停下了脚步，当帐里舞乐奏起时，尝足了酒香的牛群，个个东倒西歪。不饮自醉、摇摇晃晃、如仙如痴，好似给大汗助兴献舞，酒兴正酣的大汗见状大喜，脱口而说：“美酒助我称霸业，醉仙醉人闷倒牛。”随即鼓乐齐鸣，三军上下一醉方休。从此，把此酒当作宫廷御酒犒劳三军。

22

酒不醉人歌醉人

音乐是情感的流露，而蒙古族酒歌更是表达情感最直接的载体。

蒙古族是一个勇敢的民族，在漫漫历史长河中，经历了太多的战争和迁徙，在这个过程中，饮酒、唱歌成了他们生活中非常重要的一部分。早期，各部落之间经常发生战争，为了鼓舞士气，行军或出发前都要把酒当歌，以酒壮行。如："宴时作乐，偕以战歌，欢宴至夜半""……战阵摆好后，就吹奏各种各样管乐器，继而高唱战歌"等，这都足以说明，在古代，酒与歌已成为勇士征战的兴奋剂，而酒歌的产生也就成为必然。

纵观蒙古族历史及蒙古族音乐的发展脉络，可以清晰地看到蒙古族民间音乐就像一条主线，将蒙古族的起源、进化以及发展，

通过各种音乐编织在一起，形成一部悲壮、雄浑的民族音乐史诗。而酒歌则是这部史诗当中独具生活气息、人文情感的一支旋律，恒久地伴随着蒙古族的不断发展和变迁，为蒙古族欣欣向荣的新生活而歌唱。

蒙古族是一个古老的游牧民族，对自然环境、生产生活等方面都有着深刻的理解和认识，所以在很多作品中都表现出游牧生活艺术化缩影的特点。例如：锡林郭勒民歌《走马》、呼伦贝尔民歌《辽阔草原》、阿拉善民歌《富饶辽阔的阿拉善》等。蒙古族也是一个注重礼俗的民族，无论什么时候，凡遇重要的事件、重要的场合以及宴请，都会举行隆重、正式的仪式，因此，在众多作品中，也有很多是与礼俗有关的。如《圣主成吉思汗颂》《哈布图·哈萨尔颂》等。蒙古族还是一个多情的民族，多情不仅仅是指男女之间的爱情，更多的还是亲情、友情、乡情等。因此，很多作品是借物、借景来抒情。如科尔沁民歌《达古拉》、锡林郭勒民歌《松树》、巴彦淖尔民歌《杭盖——我的家乡》，还有大家非常喜欢和流行的《梦中的额吉》《父亲的草原母亲的河》等，这些都源自蒙古族人内心深处最真挚、最美好的真情流露。

这些不同题材和内容的作品不胜枚举，但归纳起来，都与这

个古老民族的生活习俗密不可分，音乐再现了生活，音乐浓缩了生活。

蒙古族一直被称为马背民族，生活、劳动、娱乐等活动都离不开马，因此在马背上体会到的各种快慢与起伏（强弱）、紧张与松弛等感觉，都成为音乐创作的元素。充分地体现了马背民族的生活特征，赋予音乐动感、灵性的特点，旋律欢快明朗，流露出蒙古族人特有的生活习俗和善良热情的性格。

如果领略过蒙古族的酒歌，一定会有一个最直接的感受，那就是每一位歌者的声音都具有高亢嘹亮、动听委婉的特点。他们的歌声与美声唱法、民族唱法不同，却有着这两种唱法所没有的音色特质。

长调，节奏自由、气息宽广、情感深沉 ；短调，曲调紧凑，节奏整齐、鲜明，音域相对窄一些，但节拍相对固定，歌词简单，具有很强的灵活性。而蒙古族酒歌则恰好吸收了长调的绵长和独特细腻的唱腔特点，偶尔也加入其他唱法无与伦比的“诺古拉”，同时也更多地运用了短调民歌的短小精悍、节奏鲜明等特点。

在内蒙古，蒙古族人与汉族人民相濡以沫、和谐共存，在风俗习惯、语言文化等方面都有很多相互的影响和融合，体现在酒歌方面的融合和创新十分明显。比如，受巴盟河套地区爬山调的影响，牧区的诙谐歌曲《北京喇嘛》演变成了农区的爬山调《三十里明沙二十里水》，蒙古族短调民歌《扎明扎罕》，后来变成了漫瀚调《打鱼划划》，再如，漫瀚调《蒙汉兄弟是一家》，就是由蒙古族短调民歌《扎明老赖》演变而来的等。

进入 21 世纪，受市场经济的影响，特别是旅游业的兴起，更加催生出市场所需要的各种题材的酒歌音乐，蒙古语唱汉歌、汉语唱蒙古语歌的现象比比皆是，在创作上还出现了旧调填新词、蒙古语调填汉词等现象。在此过程中也出现了大量的优秀酒歌作品或适于在酒席宴上敬酒唱的歌曲。如大家非常喜欢和熟悉的《陪你一起看草原》《我从草原来》《牵手草原》等。这些歌曲的诞生，不仅丰富了蒙古族甚至整个内蒙古的酒文化内容，也带动了大量的音乐创作，为繁荣民族音乐、推广民族音乐、保护和传承蒙古族音乐起到了积极的作用。

音乐是情感的流露，而蒙古族酒歌更是表达情感最直接的载体，它在瞬间拉近了人们之间的距离，加深了人与人之间的了解，它在情感的表达和抒发中，以独有的方式和形态出现，并且被众多人所接受，因此，酒歌也具有传情达意的功能。

随着社会的发展，市场经济的繁荣，为蒙古族音乐作品也包括酒歌的创作提供了广阔的平台，越来越多的蒙古族歌曲，包括酒歌和适于酒宴上唱的歌曲，不断涌现出来，并且出现在除演出以外的娱乐场所。过去的酒歌是传情达意的媒介，而今，酒歌已突破这个范围，开始用于娱乐。因此，酒歌又具有娱乐功能。

当然，酒歌归根结底属于音乐的范畴，而音乐最大的功能，就是用来提升品位、净化思想的，特别是来自大草原充满绿色和清新气息的蒙古族酒歌，更显突出。

蒙古族世世代代生活在草原上，他们认为，是大自然赋予蒙古族生命的力量，也是大自然给予蒙古人生活的物质保障，因此，在蒙古族音乐中，包括酒歌，表达的情感都是发自蒙古人内心深处的，他们感恩大自然、感恩父母、感恩朋友、感恩社会，感恩一切。所以，酒歌表达的情感也是世界上最圣洁、最感人、最和谐的情感，它涵盖了人与人之间最真、最纯的情，它的内涵就像广袤的草原一样宽广博大。

如果说草原的美酒可以传递真情，把草原人的情感化作祝福送给亲人、朋友，那么，动听的酒歌则会陶醉人的心灵，每每置身于酒的氛围、歌的海洋，“酒不醉人歌醉人”的感慨便会油然而生。

故事链接：

脱脱戒酒成大事

《元史·脱脱传》记载了这样一个经典事例。脱脱为元代名臣，是成吉思汗手下四杰之一木华黎的后裔。他早年丧父，为元世祖忽必烈汗所收养。后长大成人，任忽必烈的亲军将领，从征叛军乃颜时立有大功。但他喜好饮酒，忽必烈常教导他“以嗜酒为戒”。忽必烈汗死后，元成宗铁木耳汗即位，一天他问脱脱：“你已经戒酒了吗？”脱脱有些不好意思地答道：“忽必烈大汗在世的时候，多次教导我要戒酒，但我至今也没有戒掉。”铁木耳对他说：“知错不改，作为一个人实在没有志气，我希望你今后一定戒酒！”脱脱回到家中，回想这段话更加惭愧。《元史·脱脱传》是这样记的：“退语家人曰：我昔亲承先帝训，饬令嗜饮，今未能绝也。岂有为人知过而不能改者乎！自今以往，家人有以酒至吾前者，即痛惩之。”过了几个月，铁木耳来到脱脱府上宴饮，见宴席上没有摆酒，便问：“脱脱，你现在已经不喝酒了吗？”脱脱还未回答，他的侍从先说道：“由于我们的主人痛打了所有送酒的人，别说自己不喝了，就连府上的所有仆人都已不沾酒了。”铁木耳点头表示钦佩，夸奖说：“脱脱你真不愧是扎剌儿部族的后代，因为，今天你能够断然戒酒，往后我一定重用你！”随即把自己佩带的宝剑和乘马送给了他，表示对他戒酒的祝贺。后来，元成宗铁木耳任命他为资德大夫、上都留守、通政院使、虎贲卫亲军都指挥使等职，并任江浙等处行中书省平章政事，成为一方大吏。从脱脱戒酒，可以看出他的刚毅和严于律己，以致后来政绩显赫，为朝野内外所敬重，终于成为一代名臣。

23 極尽巧思的酒器酒具

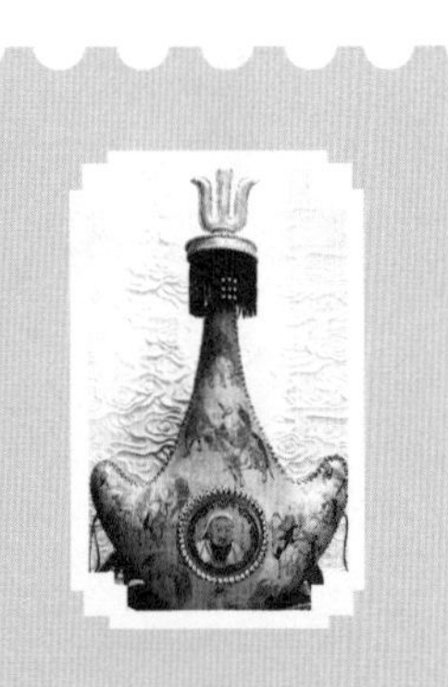

酒器具是酒文化的重要组成部分，是酒文化的实物载体。

有些时候，在某种意义上，精美的酒器比美酒更为受人青睐，形式多样、造型精美的酒器可以增加饮酒的乐趣。蒙古族人喜欢饮酒，自然也会制造一些专门的酒器。酒器是酒文化的重要组成部分，是酒文化的实物载体。可以说，专门的酒器的出现，是酒文化发展到一定阶段的产物，也是酒成为一种文化现象的典型特征。

“秃速儿格”是一种盛酒的器皿，蒙古族人喜欢饮酒，而且

有酒量，所以，在古代，无论是汗王，还是大臣，在宴飨时都会备有一种盛酒的器皿。这种酒器或用皮革、陶、木，或用金、银、铜、玉、石制成，其名称也因时代和地区的不同而不同，例如，克烈部叫作“充”或“古鲁额”，蒙古部叫作“秃速儿格”。

“秃速儿格”一词，多见于《蒙古秘史》。刚开始的时候，铁木真宴飨时，所用的秃速儿格是一般的酒器，旁译作“瓮”。公元1206年铁木真统一蒙古各部，称汗后，秃速儿格的名称和规模都扩大了，叫作“也客·秃速儿格”，旁译作“酒局”或“大酒局”。从此以后，秃速儿格必放在靠近帐子的进门处，在特设的桌子上陈列着盛满马奶酒的秃速儿格和各种金银器皿，如果秃速儿格过大则放在桌子的旁边。秃速儿格的安全十分重要，一般都派有专人掌管，《蒙古秘史》中记载：“成吉思·合罕又说：‘由宿卫派两个人进到宫帐里，服侍在大酒局旁。’”“斡歌歹·合罕降旨，又说：‘宿卫中要派两个人经常入帐，掌管酒局！’”

《蒙古秘史》中还提到了一种叫作“阔阔充”的酒器，旁译作“青钟”。青钟是“以木为之”的“贮酒大器”，即大桶。忽必烈以后用木制的巨大的“大樽”或特大的“玉瓮”。

喝酒便要用到酒器，蒙古族人最喜欢的酒具是东布壶。此类壶整体造型上部稍细，下部略粗，呈到三角桶状，最早出现于中亚地区，是中亚民族创造的容器，元代传入草原，后来传入中原，到清代在中原地区逐渐消失，在蒙藏地区却广为流传，家家使用，多数为铜质和木质，少数为银质和金质。

酒器具是酒文化的重要组成部分，是酒文化的实物载体。从古代到近代，中国酒器具质料多样，功能各异。根据质地，可把酒器具分成十二种，即陶器、瓷器、漆器、玉器、青铜器、金银器、玻璃器、象牙器、骨角器、蚌贝器、竹木器、匏瓠器等。根据用途可分为六大类，即盛储器、温煮器、冰镇器、挹取器、斟灌器、饮用器等。而从古代到近代，内蒙古草原的酒器具质地除前述十二种外，还有皮革、树皮等质地；用途上则集中体现为盛储器、温煮器、斟灌器、饮用器等四大类；这反映了草原的自然环境，经济条件和草原民族的饮食生活习俗。

“这种巧夺天工的设计，出自一个叫威廉的法国珠宝师傅之手，他在匈牙利被蒙古人俘虏，在哈剌和林度过余生。其中最大的一件摆饰放在入口不远处，是一株由白银拼搭成的大树，叶子、树枝、水果、树干银光闪闪。这还不稀奇，这棵大树其实是一件精心设计的饮料供应器。树干下面卧着四只狮子，会从口中汩汩流出白色的马奶。在树干上面，盘着四条大蛇，张口喷出四种不同的酒类：葡萄酒、马奶酒、蜂蜜酒，以及传统的中国米酒。需要上酒的时候，总管给藏在机械里的人使个暗号，他们就会死命吹气，推动树顶上的天使。这时天使会演奏一首曲子，曲子一响，外面的仆人就要准备了，他们把不同的酒类倒进不同的导管，让美酒顺着管子流到大厅的树上，大蛇的口中滴出美酒，落到不同的银盆中，供宾客享用。”（提姆·谢韦仑《寻找成吉思汗》）

酒器随着酒的发明而产生，随着社会生产力的发展而发展。从古代到近代内蒙古草原酒器演变发展的历史，可粗略地划分为五个阶段：一、新石器时代晚期至青铜时代早期主要流行陶质酒器；二、商至春秋战国时期主要流行青铜酒器，同时流行陶质酒器；三、秦汉至魏晋南北朝时期主要流行青铜酒器，陶质酒器仍广泛使用；四、隋唐至辽金西夏时期主要流行瓷质酒器，并辅以金、银、铜、玉等质地酒器；五、元明清至民国时期瓷质酒器空前普及，金、银、铜、锡、玉质酒器也有相当数量，清代后期玻璃酒器开始逐渐使用。除此之外，木质酒器、骨角质酒器及皮质酒器，自酒类出现后一直与北方游牧民族始终伴随，贯穿于新石器时代至近代的各个历史时期。

酒器反映了北方游牧民族的饮食生活习惯，随着饮食器具的

变化而变化。从新石器时代晚期到秦汉时期，宴饮时都是席地而坐，酒具放在席间地上，故在形体上偏于矮胖。魏晋南北朝时期，流行一种“胡床”，即低矮的木床，人坐在胡床上，酒具也放在胡床上，所以，酒具相应向高发展，成为瘦长形。隋唐至辽金元再至明清时期，饮宴时普遍使用桌子和椅子，酒具放在桌子上，与坐在椅子上的饮宴者平齐，因而，酒具又渐渐变矮。这是饮宴座具与饮宴之人饮宴之酒器，从身体姿势上要求方便舒适，而相应的酒具在整体趋势上的高矮变化。

酒器也随着酒质量的提高和饮用方法的改变而产生构造上的变化，这同样是适应饮食生活的一种变化。从新石器时代晚期至青铜时代早期，因酒的质量很低，酒与酒糟混装一器，所以，形制和结构比较粗放。从商至春秋战国时期，酒的质量逐渐提高，饮用时用斗勺挹取，所以青铜酒器比较精美。秦汉至南北朝时期，由于酒的质量进一步提高，并过滤后饮用，酒更加清醇，所以，酒具更加精巧细腻。元明清至民国时期，

由于蒸馏酒的出现，使酒精浓度增强，酒性愈加浓烈，人已不可能大杯饮用，所以，酒具也逐渐变得小巧灵秀。

古代酒器是社会地位的标志物，从新石器时代晚期至近代，有权位者和富有者使用精美的酒器，而普通社会人群则使用着大众化的粗糙的酒器。酒器是阶级社会礼仪的重要组成部分，正如古人所说，酒器“为器虽小，而在礼实大”。古代酒器与古代艺术也有着不可割裂的密切关系，从酒器一出现，人们就十分注重酒器的造型与装饰，也非常讲究酒器的质地用料，所以，才会有各种类型及各种精美纹样装饰的酒具出现，才会有陶、铜、瓷，以至金、银、玉酒器的创造，体现了一种艺术与实用相结合的美。不仅是草原酒文化的载体，也是草原古代艺术思想的一个集中体现，真可以说是“酒器酒具，百代风华”，是另一种形式的草原经济史、文化史和艺术史。

24 健康养生的饮酒理念

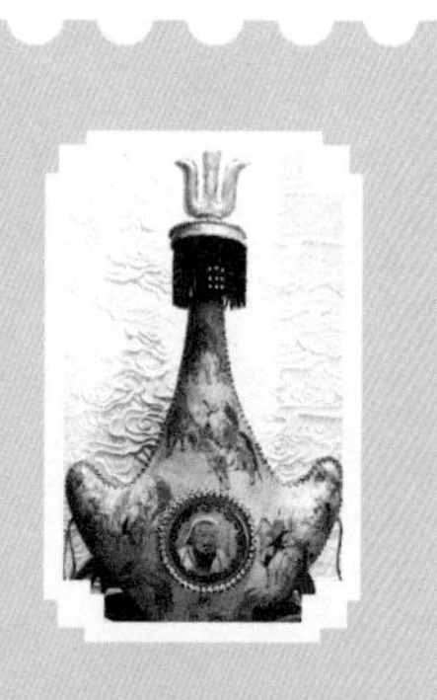

酒不仅能治疗疾病，适当饮酒还有助于养生保健，延年益寿。

自古以来，北方游牧民族就将酒当作珍贵饮料，适当饮酒有两大益处，一是抵御风寒和强健体魄，二是沟通人与人之间的感情与交往。

北方草原冬季天寒地冻，草原民族一直生活在马背上，既要从事游牧生产，又要辗转争战，他们往往以酒来抵御风寒。因为，酒有活血与发热的功效，所以，自东胡、匈奴起到后来的鲜卑、突厥、契丹、蒙古等，都有马背上携带的酒器，如，匈奴的青铜扁壶、契丹的鸡冠壶、蒙古族的抿酒壶等，都是便于在马背上饮用的酒器。当天寒地冻纵马飞奔时，略加饮用，便能活血御寒。因此，发展到元代，著名营养专家忽思慧总结了酒的益处，在他

的《饮膳正要》一书中指出："酒，味甘辣，大热，有毒，主行药势，杀百邪，通血脉，厚肠胃，润皮肤，消忧愁。"在中国古代北方草原史籍中有关天气骤寒冻死人畜的记载很多，冻人至半僵以酒挽救性命的记载也很多。

酒在古代被称为百药之长，医生治病时常借助于酒使药物发挥功效。北方游牧民族自古以来就形成了特有的医药学理论和治病的方法，尤其善于治疗红伤、骨伤和内伤，后来，发展成今天的蒙古医药学，成为中国医学宝库的重要一支。在北方草原传统的医药学中，酒作为医疗辅助手段，曾起到了重要的作用。以酒治病，其传统的方法有两种：一是用作药引，使药物发挥效力。正如《本草纲目》引元人王好古的论述"酒能引诸经不止，与附子相同，味之辛者能散，苦者能下，甘者能居中，而缓用导引，可以通行一身之表，到极高分。味淡者，则利小便而速下也"。《别录》称酒"引药势，杀百邪恶毒气"。二是制作药酒，就是将药物置于酒中浸泡，使有效成分溶解在酒内，滤去药渣，即成药酒。

制作可分为冷浸法、热浸法、渗漉法等。自辽金以来，见之于史籍的有：白羊酒、枸杞酒、麝香酒、虎骨酒、参茸酒等，都是由北方游牧民族发明，并渐次推广到了中原地区，成为药酒中的名品。

酒不仅能治疗疾病，适当饮酒还有助于养生保健，延年益寿。正如《汉书·食货志》所说："酒者，天之美绿，帝王所以颐养天年，享祀祈福，扶衰养疾"。在中国古代北方草原游牧民族的历史上，有许多人善于饮酒，又因常常饮酒而进入寿龄。如，北朝敕勒人斛律金寿至八十岁，辽代的契丹人耶律陈家奴也达到了八十岁的高龄，蒙元时期的蒙古族老将吾也尔竟至九十六岁的高龄。医药科学告诉人们，酒有提神补气、舒筋活血的功效。尤其是老年人筋力衰疲，适度饮酒能加速血液循环，促进新陈代谢，增强消化力和免疫力，确实能起到延年益寿的作用。中国古代北方游牧民族很早就认识到了这一点，所以对酒倍加喜爱，经常饮用。

酒是一种兴奋剂，酒至半醉，会使人坦诚相见，推心置腹，增加人与人之间交往的感情。在北方民族的历史上以酒交友的事例很多。

西汉时，苏武出使匈奴，被扣留草原达十九年之久。他在贝加尔湖放牧，与匈奴单于之弟於靬王结下了深厚友谊。《汉书·苏武传》记载，於靬王弋射北海时，曾赠给苏武马畜、穹庐和服匿。服匿就是陶缶。这种陶缶形状如罂，小口，大腹，方底，是用来装酒的。单于之弟送酒器给苏武，苏武也以奶酒招待单于之弟，二人经常于北海畅饮共叙友情，是个十分动人的以酒交友的故事。此事流传甚广，竟为后世的南齐人所知。《南齐书·陆澄传》载，竟陵王萧子良得一古器，小口，方腹而

底平，容量可达七八升，子良不知为何物，拿去问陆澄，澄答曰：此物名服匿，就是当年单于之弟赠给苏武那类酒器。可见经酒结交良友，是不分民族和身份的，并广为时人和后人所传颂。

北周时，有一个著名的人物叫王孚，曾任尚书左丞，他以酒和北方柔然族结下了深厚的友谊，这也是一个极富传奇色彩的故事。当时，柔然族游牧于阴山之北，十分强盛，成为北周北齐乃至隋唐王朝的劲敌。北周派王孚出使柔然，被柔然扣留。他每日同柔然人喝酒，谈笑风生，以坦诚与豪爽的性格及惊人的酒量，为柔然人所敬重，并与柔然王成为挚友。后来，柔然人送王孚返回北周，王孚被北周朝廷升为尚书左仆射，是北周最有权势的大臣。这时，柔然与北周友好通婚，准备将公主嫁给北周皇室，由于同王孚相识，只有先见王孚才能送女来嫁。于是，王孚再度出使柔然，受到柔然君臣的热烈欢迎，并将柔然公主送到北周皇廷。由此可见，柔然族对王孚的高度信任。更有意思的是周文帝以王孚喜好饮酒竟拿酒跟他开起玩笑来，《北史 · 五王列传》载：“孚性机辩，好酒，貌短而秃。周文帝偏所眷顾，尝于室内置酒十余瓨，瓨余一斛，上皆加帽，欲戏孚。孚适入室，见即惊喜，曰：‘吾兄弟辈甚无礼，何为窃入王家，匡坐相对？宜早还宅也’。因持酒归。周文帝抚手大笑。”这在酒典中是个极为有趣的故事，由此可见，王孚的聪明与幽默。

以酒结下终身友谊的事例在北方史籍上记载极多。以酿酒发出的声音救了一代天骄成吉思汗的性命并因之结下世代友谊恐怕是酒典中奇之又奇的故事了。成吉思汗小的时候，父亲也速该被仇敌毒死，他随母亲过着困苦的生活。后来，他被仇敌泰赤乌部人捉获，带上木枷，巡游示众，准备在望日节时杀掉祭旗。在被杀的前一个晚上，他将看守人打昏，逃出了泰赤乌营地，躲在一条小河里。泰赤乌人搜查时没有看到成吉思汗，撤回后准备明天再搜查。这时，成吉思汗带着木枷是逃不远的，危急中想起了曾经善待自己锁儿罕失剌老人。锁儿罕失剌是泰赤乌部的奴隶，一家专为泰赤乌部贵族捫马奶酒，往往一干就是通宵，砰砰之声传于数里之外。成吉思汗就是凭着这种声音找到了锁儿罕失剌家。锁儿罕失剌打碎木枷，并送给他一匹马，让成吉思汗逃回了家中。这是成吉思汗生平第一次最危险的遭遇。正是这捫马奶酒的砰砰声救了他的性命，也与锁儿罕失剌一家结下了世代的友谊。后来锁儿罕失剌的儿子赤老温和沉白跟随成吉思汗打天下，成为蒙古汗国的开国功臣，尤其是赤老温成了蒙元史上著名的四杰之一。

自古以来，饮酒无度，构成了两大酒祸：一是饮酒过多，缩短寿命；二是狂饮无度，酿成祸害。这方面的事例在中国古代北方史籍中多有记载。

蒙元时期的窝阔台汗，是成吉思汗第三子，南征北战，多立战功，成吉思汗死后被推举为大汗。他在位期间，扩大蒙古汗国疆域，进行国政改革，深受朝野上下尊重。但他酗酒无度，常以君臣同饮为乐，不醉不休，成为一个致命的弱点。名臣耶律楚材等人多次苦劝，毫无效果。《元史·耶律楚材传》记载了他一次劝戒酒时的情景，“乃持酒槽铁口进曰：‘曲蘖能腐物，铁尚如此，况五脏乎？’帝悟，语近臣曰：‘汝曹爱君忧国之心，岂有如吾图撒合里者耶’！赏以金帛，敕近

臣进酒三盅而止。”这次窝阔台虽然接受了耶律楚材的忠告，但不久又旧病复发，醉饮如故。后来，他外出狩猎，白天追逐野兽，骑马驰骋，夜晚则在帐中与随从们纵情豪饮，直到黎明，结果醉瘫于床上，一病不起。死时年仅五十六岁，终因醉酒而丧生。

《蒙古族历史故事》一书中收录了一个寿星饮酒的故事。在公元 1259 年，正是蒙古汗国第四个皇帝蒙哥汗在位时期。蒙古驻朝鲜最高军政长官九十多岁高龄的老将军吾也尔，回哈剌和林城朝见蒙哥汗。吾也尔是从成吉思汗时代起就领兵作战的重要将领。历经成吉思汗、窝阔台汗、贵由汗、蒙哥汗四朝。南征北战，功勋卓著，很受大家尊重。蒙哥汗问他：“老将军你指挥朝鲜国军队还行吗？”吾也尔回答说：“老臣虽然年纪大了，但神志很清醒，率领大军征服他国的能力还是有的，何况指挥一个小小的朝鲜更是不在话下了！”蒙哥汗听了老将的豪言壮语，异常高兴，又问：“能喝多少酒？”吾也尔回答：“可汗赏赐多少就喝多少。”这时，在场的蒙哥汗的驸马布林奇德听后说：“我希望和老将军

比一比酒量。”布林奇德正当盛年，曾指挥四十万大军东征西讨，又以酒量宏大而著称。蒙哥汗准许了他们的要求。于是，俩人比起酒量，你一杯，我一杯，从早到晚整整喝了一天。当天黑时，布林奇德喝得晕头转向，摇摇晃晃地倒了，由四个人将他抬了出去。而吾也尔一人仍坐在那里面不改色地喝着酒。蒙哥汗大声笑着，用手拍了拍老将军吾也尔的肩膀说：“自太祖成吉思汗时期开始，效劳至今的宰臣中，唯独剩下的一位就是你了，请你要保重自己的身体。”随即劝阻吾也尔不要喝了，并将自己的袍子赏了给他。这个故事引自《元史·吾也尔传》，是历史上的真实事例。从中可以看出两个问题：其一是北方游牧民族不仅以酒考验人的真诚和勇敢，也以酒衡量人的体力和体能，善饮酒者一定是勇士或身体强健的人。其二是蒙古勇将吾也尔经常饮酒，善于饮酒，并以饮酒为养身之术，所以，才会活到九十六岁的高龄，是酒起到了流通血液，健胃强身，祛寒祛病的医疗保健作用。吾也尔可谓是会饮善饮的酒中寿星。

故事链接：

黄河酒神出河套

在内蒙古河套平原上，有这样一个神话传说。

据说在二千年前的汉武帝时期，汉朝击败了匈奴，在河套平

原设置了朔方等郡县，迁来大批百姓进行屯垦，使这里的农业兴盛，家家户户存粮极多，多到隔年的粮食都因为吃用不完腐烂变质而被丢弃。

当时朔方有一个叫赵乃方的农户，原籍陕西咸阳，家贫如洗，后迁到朔方。由于家中人口兴旺，男丁众多，所以，没几年，家中便富足无比，不过粮仓里的存粮多了，难免就会有霉烂，虽舍不得但也只能像别人一样白白将粮食扔掉，这使他感到非常痛心。

有一天午后，他伏在桌子上打盹，不知不觉进入梦乡。梦见河套平原风雨交加，黄河之水滔滔奔流，这时从河中跃出一匹金马驹，一边走一边向赵乃方频频点首。赵乃方感到很奇怪，就跟着它一路走去。走到一片戈壁滩上，看见地上一个石穴，神马驹回头看了他一眼，便跳了进去，赵乃方感到很好奇，于是也随后跟了进去。这时神马驹忽然不见了，只见穴内灯火通明，雾气缭绕。透过雾气，他看见了一个用石头做成的灶，外形象一条大船，灶下烈火熊熊，灶上一口大锅。锅上放一木桶，有一丈多高，蒸气从木桶中散发出来。旁边有一位老婆婆，容颜红润，满头白发，慈眉善目。

她对赵乃方说："知道我在这里干什么吗？我这是在酿酒，粮食是天赐之物，粮可酿，酿而饮，饮而补，此天地物移之道也。

酿者，蒸而淋，淋而置，置而酵，继之萃取液，封而入窖藏，你们白白地把粮食丢弃，实在是太可惜了，不如把这些腐败的粮食用来酿酒。”于是，老婆婆就手把手地教赵乃方如何酿酒。赵乃方反复学习，终于学会了酿酒。这时，天空中突然一声惊雷，赵乃方猛地惊醒，但见室外大雨倾盆，黄河奔流咆哮，梦中情景历历在目。于是，他按着梦中情景依法酿制，终于酿造出了著名的河套美酒。后来，他把制酒的方法传给乡亲邻里，使得酿酒技术传遍了整个河套地区。乡亲们说这位神仙婆婆一定是黄河酒神，是她在教我们酿酒，大家应该去拜谢和祭奠神仙婆婆。于是赵乃方带领大家来到了戈壁滩上找到了石穴，但穴内却是空无一物。此后河套平原上的农户们，年年岁岁叩拜黄河酒神，感谢神仙婆婆，河套美酒之名也随之传遍天下。

参考书目

1. 郭雨桥著：《郭氏蒙古通》，作家出版社 1999 年版。

2. 陈寿朋著：《草原文化的生态魂》，人民出版社 2007 年版。

3. 邓九刚著：《茶叶之路》，内蒙古人民出版社 2000 年版。

4. 杰克·威泽弗德（美）：《成吉思汗与今日世界之形成》，重庆出版社 2009 年版。

5. 度阴山：《成吉思汗：意志征服世界》，北京联合出版公司 2015 年出版。

6. 提姆·谢韦伦（英）：《寻找成吉思汗》，重庆出版社 2005 年出版。

7. 宝力格编著：《话说草原》，内蒙古大学出版社 2012 年版。

8. 雷纳·格鲁塞（法）著，龚钺译：《蒙古帝国史》，商务印书馆 1989 年版。

9. 王国维校注：《蒙鞑备录笺注》，（石印线装本）

10. 余太山编、许全胜注：《黑鞑事略校注》，兰州大学出版社 2014 年版。

11. 朱风、贾敬颜（译）：《蒙古黄金史纲》，内蒙古人民出版社 1985 年版。

12. 额尔登泰、乌云达赉校勘：《蒙古秘史》，内蒙古人民出版社 1980 年版。

13.（清）萨囊彻辰著：《蒙古源流》，道润梯步译校，内蒙古人民出版社 1980 年版。

14. 郝益东著：《草原天道》，中信出版社 2012 年版。

15. 刘建禄著：《草原文史漫笔》，内蒙古人民出版社 2012 年版。

16. 道尔吉、梁一孺、赵永铣编译评注：《蒙古族历代文学作品选》，内蒙古人民出版社 1980 年版。

17. 《蒙古族文学史》：辽宁民族出版社 1994 年版。

18. 王景志著：《中国蒙古族舞蹈艺术论》，内蒙古大学出版社 2009 年版。

19. 郭永明、巴雅尔、赵星、东晴《鄂尔多斯民歌》，内蒙古人民出版社 1979 年版。

20. 那顺德力格尔主编：《北中国情谣》，中国对外翻译出版公司 1997 年版。

后记

经过反复修改、审核、校对，这套《草原民俗风情漫话》即将付梓。在这里，编者向在本套丛书编写过程中，大力支持和友情提供文字资料、精美图片的单位、个人表示感谢：

首先感谢内蒙古人民出版社资料室、内蒙古图书馆提供文字资料；

感谢内蒙古饭店、格日勒阿妈奶茶馆在继《请到草原来》系列之《走遍内蒙古》《吃遍内蒙古》之后再次提供图片；

感谢内蒙古锡林浩特市西乌珠穆沁旗“男儿三艺”博物馆的工作人员提供帮助，让编者单独拍摄；

感谢鄂尔多斯市旅游发展委员会友情提供的2016“鄂尔多斯美”旅游摄影大赛获奖作品中的精美图片；

感谢内蒙古武川县青克尔牧家乐演艺中心王补祥先生，在该演艺中心《一代天骄》剧组演出期间友情提供的“零距离、无限次”的拍摄条件以及吃、住、行等精心安排和热情接待；

特别鸣谢来自呼和浩特市容天艺德舞蹈培训机构的“金牌”舞蹈老师彭媛女士提供的个人影像特写；

感谢西乌珠穆沁旗妇联主席桃日大姐友情提供的图片；

感谢内蒙古奈迪民族服饰有限公司在采风拍摄过程中提供的服装和图片；

感谢神华集团包神铁路有限责任公司汪爱君女士放弃休息时间，驾车引领编者往返于多个采风单位；

感谢袁双进、谢澎、马日平、甄宝强、刘忠谦、王彦琴、梁生荣等各位摄影爱好者及老师，在百忙之中友情提供的大量精心挑选的精美图片以及尚泽青同学的手绘插图。

另外，本套丛书在编写过程中，参阅了大量的文献、书刊以及网络参考资料，各分册丛书中，所有采用的人名、地名及相关的蒙古语汉译名称，在章节和段落中或有译名文字的不同表达，其表述文字均以参考书目及相关资料中的原作为准，不再另行修正或校注说明，若有不足和不当之处，敬请读者批评指正和多加谅解。